水利工程特色高水平骨干专业（群）建设系列教材

力学与基础

主　编　眭晓龙　胡海生
副主编　张庆霞　高　嘉　王志明
主　审　宣理华

中国水利水电出版社
www.waterpub.com.cn
·北京·

内 容 提 要

本书根据高职高专建筑工程技术等土建类专业教学改革的要求进行编写，全书采用《混凝土结构设计规范》(GB 50010—2010) 等国家实施的规范和标准。编写过程中突出对学生能力的训练，以能力训练为切入点，与实际职业工作岗位接轨，体现职业能力的培养。

全书共分十一章，主要内容包括：绪论、静力学的基本概念、平面力系、轴向拉伸与压缩、梁的弯曲、静定结构的内力与内力图、建筑结构设计原理简介、钢筋和混凝土材料认识、钢筋混凝土梁和板的分析计算、钢筋混凝土柱的分析计算、地基与基础知识。同时还附有各种直径钢筋的公称截面面积、计算截面面积及理论质量，等截面、等跨连续梁在常用荷载作用下的内力系数表，按弹性理论计算在均布荷载作用下矩形双向板的弯矩系数表等附录。

本书适合作为高职高专水利水电工程技术、建筑工程技术、桥梁、市政、道路等专业的教学用书，也可作为在职职工的岗前培训教材和成人高校函授、自学教材，还可作为工程技术人员的参考用书。

图书在版编目（CIP）数据

力学与基础 / 眭晓龙，胡海生主编. -- 北京 ： 中国水利水电出版社，2022.3
水利工程特色高水平骨干专业（群）建设系列教材
ISBN 978-7-5226-0462-6

Ⅰ. ①力… Ⅱ. ①眭… ②胡… Ⅲ. ①理论力学－高等职业教育－教材 Ⅳ. ①031

中国版本图书馆CIP数据核字(2022)第024347号

书　　名	水利工程特色高水平骨干专业（群）建设系列教材 **力学与基础** LIXUE YU JICHU	
作　　者	主　编　眭晓龙　胡海生 副主编　张庆霞　高　嘉　王志明 主　审　宣理华	
出版发行	中国水利水电出版社 （北京市海淀区玉渊潭南路 1 号 D 座　100038） 网址：www.waterpub.com.cn E - mail：sales@mwr.gov.cn 电话：(010) 68545888（营销中心）	
经　　售	北京科水图书销售有限公司 电话：(010) 68545874、63202643 全国各地新华书店和相关出版物销售网点	
排　　版	中国水利水电出版社微机排版中心	
印　　刷	清淞永业（天津）印刷有限公司	
规　　格	184mm×260mm　16 开本　13.25 印张　322 千字	
版　　次	2022 年 3 月第 1 版　2022 年 3 月第 1 次印刷	
定　　价	**49.00 元**	

前　言

　　本书着力体现高职高专教育的特色，遵循高职高专培养目标的定位要求，基本理论以基础性为目标，凸显够用的原则；教材内容的系统性与实用性相结合，以实用性为主，依据高等技术应用型人才培养目标的特点，教材以工程案例为切入点，加强理论与实践的紧密结合，培养学生独立思考和解决问题的能力，体现职业能力培养的目标要求。

　　本书根据《混凝土结构设计规范》（GB 50010—2010）、《砌体结构设计规范》（GB 50003—2011）、《建筑结构荷载规范》（GB 50009—2012）及《高层建筑混凝土结构技术规程》（JGJ 3—2010）等规范要求进行编写。

　　本书的主要内容为：绪论、静力学的基本概念、平面力系、轴向拉伸与压缩、梁的弯曲、静定结构的内力与内力图、建筑结构设计原理简介、钢筋和混凝土材料认识、钢筋混凝土梁和板的分析计算、钢筋混凝土柱的分析计算、地基与基础知识。

　　本书由北京农业职业学院眭晓龙（负责统稿）和北京通成达水务建设有限公司胡海生任主编，由北京农业职业学院张庆霞、北京清河水利建设集团有限公司高嘉、北京京水建设集团有限公司王志明任副主编，由北京金河水务建设集团有限公司贾婧婧参编，由北京金河水务建设集团有限公司宣理华任主审。全书共包括十一章内容，第一章和第二章由胡海生编写，第三章和第四章由高嘉编写，第五章和第六章由张庆霞编写，第七章和第八章由王志明编写，第九章和第十章由眭晓龙编写，第十一章由贾婧婧编写。

　　本书在编写过程中，专业建设团队的领导和其他同仁提出了许多宝贵意见和建议，同时也得到了北京通成达水务建设有限公司、北京清河水利建设集团有限公司、北京京水建设集团有限公司和北京金河水务建设集团有限公司的积极参与和大力帮助，在此表示最诚挚的感谢。

　　本书在编写过程中，参阅和引用了一些院校优秀教材的内容，吸收了国内外众多同行专家的最新研究成果，均在推荐阅读资料和参考文献中列出，在此表示感谢。由于编者水平有限，加上时间仓促，书中不妥之处在所难免，衷心希望广大读者批评指正。

编者

2021 年 10 月

目 录

第一章 绪 论

【能力目标、知识目标】

通过本章的学习，使学生认识力学与结构的关系，建立应用力学知识解释结构问题的意识，培养学生理论联系实践的能力，树立遵守建筑法规的意识。

【学习要求】

（1）掌握建筑力学、建筑结构、地基基础的基本概念及相互关系。

（2）熟悉以下内容：力系简化和平衡的概念、强度问题、刚度问题、稳定性问题及研究几何组成规则的概念。

（3）理解变形固体的基本假设和杆件变形的基本形式。

第一节 建筑力学、建筑结构及地基基础的关系

建筑力学包括理论力学、材料力学和结构力学。建筑结构及地基基础包括钢筋混凝土结构、砌体结构、钢结构、地基基础。从掌握建筑结构设计的概念性知识出发，本书将内容整合为"力学与基础"。

建筑物是指房屋、厂房、烟囱、塔架、水坝、桥梁、隧道、公路等，建筑物中起承受和传递作用的部分称为建筑结构，是由工程材料制成的构件（如梁、柱等）按合理方式连接而成。它能承受和传递荷载，起骨架作用。而其中结构的各组成部分称为构件。结构一般是由多个构件连接而成，如桁架、框架等。最简单的结构是单个构件，如单跨梁、独立柱等。

结构按特征可分为如下三类：

（1）杆系结构。长度方向的尺寸远大于横截面上的两个方向的尺寸称为杆件。由若干杆件通过适当方式相互连接而组成的结构体系称为杆系结构，如刚架、桁架等。

（2）板壳结构。也可称为薄壁结构，是指厚度远小于其他两个方向上尺寸的结构。其中表面为平面形状的称为板；表面为曲面形状的称为壳。一般的钢筋混凝土楼面均为平板结构；一些特殊形式的建筑，如悉尼歌剧院的屋面以及一些穹形屋顶就为壳式结构。

（3）实体结构。也称块体结构，是指长、宽、高三个方向尺寸相仿的结构。如重力式挡土墙、水坝、建筑物基础等均属于实体结构。

组成结构的构件大多数可视为杆件，如图 1-1 所示的厂房结构中组成屋架的构件以及梁和柱都是一些直的杆件。杆系结构可以分为平面杆系结构和空间杆系结构两类。平面杆系结构是指凡组成结构的所有杆件的轴线都在同一平面内，并且荷载也作用于该平面内的结构。除此之外的结构则称为空间结构。空间结构进行计算时，常可根据其实际受力情况，将其分解为若干平面结构，使计算得以简化。本书的研究对象主要是杆件以及平面杆

系结构。

在建筑工程中，位于建筑物的最下端，埋入地下并直接作用在土壤层上的承重构件称为基础，它是建筑物的地下部分。地基是指支撑在基础下面的土壤层，地基不是建筑物的组成部分。建筑物的稳定取决于基础和地基的强度和稳定性，其关键在于地基与基础对建筑物的适宜性。也就是要根据建筑物的类型及对地基的不同要求、覆盖层地基和岩基各自的不同特点，合理选择最优地基处理方案，保证建造的基础和地基能满足使用要求，它综合了勘察、设计和施工各方面因素。

建筑力学与建筑结构及地基基础的关系是：建筑力学的知识体系是为建筑结构设计和地基基础设计服务的，建筑力学知识是根本，建筑结构知识和地基基础知识是应用。一个建筑物的设计建造，必须结合运用建筑力学、建筑结构和地基基础的所有

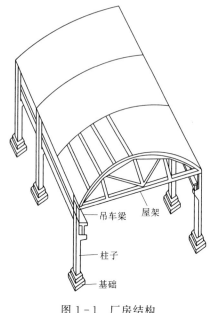

吊车梁 屋架

柱子

基础

图 1-1 厂房结构

基本知识，缺一不可。

如一幢房屋在使用过程中，将承受直接作用（荷载）和间接作用（变形），其受力和承载关系是：屋面板支撑在屋架上，承受本身的自重及屋面活荷载（风荷载、雪荷载的重量）并把它传给屋架；楼板支撑在梁上，承受本身的自重和楼面活荷载（人群和家具的重量）并把它传染给梁；屋架、梁支撑于墙、柱，承受本身自重和屋面板、楼板传来的荷载并把它传给墙、柱；然后传给基础；基础最后将这些力传给地基（即土层）。

设计一幢房屋，须对屋（楼）面板、梁（屋架）、墙（柱）、基础等结构构件做荷载计算、受力分析并计算出各个构件的内力大小，这是工程力学要解决的问题；然后根据内力的大小去确定构件采用的材料、截面尺寸和形状，这是结构设计要解决的问题。例如：钢筋混凝土梁的设计，计算梁自重和板传来的荷载，确定计算简图、计算内力，这是工程力学要解决的问题；根据内力大小选择梁的截面形式和尺寸、混凝土和钢筋等级，进行抗弯强度和抗剪强度计算确定钢筋的数量，绘制配筋图，这是建筑结构要解决的问题。如果不做结构的受力分析和结构设计，将使结构不能承担荷载（力）的作用，造成房屋倒塌或结构材料、尺寸选择过好、过大。

第二节 本教材的基本任务

建筑结构在承受荷载的同时还会受到支撑它的周围物体的反作用力，这些荷载和周围物体的反作用力都是建筑结构受到的外力。一般情况，结构在外力作用下，组成结构的各个构件都将受到力的作用，并且产生相应的变形。如房屋中的梁承受楼板传给它的重力，同时还要受到支撑这个梁的柱子的反作用力，在这些力的共同作用下梁会产生一定的弯曲变形。如果构件受到的力太大，将会导致构件及整个建筑结构遭到破坏。

结构物若能正常工作，不被破坏，就必须保证在荷载作用下，组成结构的每一个构件都能安全、正常地工作。因此，结构物及其构件在力学上必须满足以下的要求：

（1）力系的简化和平衡。一般情况下，物体总是受到若干个力作用，作用在物体上的一群力，称为力系。使物体相对于地球保持静止或匀速直线运动的力系，称为平衡力系。讨论物体在力系作用下处于平衡时，力系所满足的条件称为力系的平衡条件。作用在物体上的力是复杂的，因此在讨论力系的平衡条件中，往往用一个力与原力系作用效果相同的简单力系来代替原来复杂的力系使得讨论比较方便，这种对力系作效果相同的代换称为力系的简化。对物体作用效果相同的力系，称为等效力系。如果一个力与一个力系等效，则该力称为此力系的合力，力系中的各个力称为这个力的分力。力系的简化和力的平衡问题是进行力学计算的基础，它贯穿于整本书中。

（2）强度问题。即研究材料、构件和结构抵抗破坏的能力。如房屋结构中的大梁，若承受过大的荷载，则梁可能发生弯曲变形，造成安全事故。因此，设计梁时要保证它在荷载作用下正常工作情况时不会发生破坏。

（3）刚度问题。即研究构件和结构抵抗变形的能力。如屋面梁在荷载等因素作用下虽然满足强度要求，但由于其刚度不够，可能引起过大的变形，超出结构规范所要求的范围，而不能起作用。因此，设计时要保证其具有足够的刚度。

（4）稳定问题。即研究结构和构件保持平衡状态稳定性的能力。如房屋结构中承载的柱子，如果过细过长，当压力超过一定范围时，柱子就不能保持其直线形状，从原来的直线形状变成曲线形状，丧失稳定，而不能继续承载，导致整个结构的坍塌。因此，设计时要保证构件具有足够的稳定性。

（5）研究几何组成规则。各个构件必须按照一定的合理组成方式组成的几何不变体才能应用于实际的建筑工程。

第三节　本课程的基本假设和基本变形

一、变形固体及其基本假设

（一）刚体与变形固体的概念

刚体是这样的物体，它在力的作用下，其内部任意两点之间的距离始终保持不变。实际上，这是一个理想化的力学模型，刚体在自然界中是不存在的。实际物体在力的作用下，都会产生不同程度的变形。工程中所用的固体材料，如钢、铸铁、木材、混凝土等，它们在外力作用下会或多或少地产生变形，有些变形可直接观察到，有些变形可通过仪器测出。在外力作用下，会产生变形的固体材料称为变形固体。

在静力学中，主要研究的是物体在力作用下平衡的问题。物体的微小变形对研究这种问题的影响是很小的，这时可把物体视为一个刚体来进行理论分析。而在材料力学中，主要研究的是构件在外力作用下的强度、刚度和稳定性的问题。对于这类问题，即使是微小的变形往往也是主要影响的因素之一，必须予以考虑而不能忽略。因此，在材料力学中，必须将组成构件的各种固体视为变形固体。

变形固体在外力作用下会产生两种不同性质的变形:一种是外力消除时,变形随着消失,这种变形称为弹性变形;另一种是外力消除后,变形不能消失,这种变形称为塑性变形。一般情况下,物体受力后,既有弹性变形,又有塑性变形。在实际工程中常用的材料,当外力不超过一定范围时,塑性变形很小,忽略不计,认为只有弹性变形,这种只有弹性变形的变形固体称为完全弹性体。只引起弹性变形的外力范围称为弹性范围。本书主要讨论材料在弹性范围内的变形及受力。

(二)变形固体的基本假设

由于变形固体多种多样,其组成和性质很复杂,因此对于用变形固体材料做成的构件进行强度、刚度和稳定性计算时,为了使问题得到简化,常略去一些次要的性质,而保留其主要的性质。根据其主要的性质对变形固体材料作出下列假设。

1. 均匀连续假设

假设变形固体在其整个体积内毫无空隙地充满了物质,并且物体各部分材料力学性能完全相同。

变形固体是由很多微粒或晶体组成的,各微粒或晶体之间是有空隙的,且各微粒或晶体彼此的性质并不完全相同。但是由于这些空隙与构件的尺寸相比是极微小的,因此这些空隙的存在以及由此引起的性质上的差异。在研究时构件受力和变形可以略去不计。

2. 各向同性假设

假设变形固体沿各个方向的力学性能均相同。

实际上,组成固体的各个晶体在不同方向上有着不同的性质。但由于构件所包含的晶体数量极多,且排列也完全没有规则,变形固体的性质是这些晶粒性质的统计平均值。这样,在以构件为对象的研究问题中,就可以认为是各向同性的。实际工程中使用的大多数材料,如钢材、玻璃、铜和浇灌好的混凝土,可以认为是各向同性的材料。但也有一些材料,如轧制钢材、木材和复合材料等,沿其各方向的力学性能显然是不同的,称为各向异性材料。

根据上述假设,可以认为在物体内的各处沿各方向的变形和位移等是连续的,可以用连续函数来表示,可从物体中任一部分取出一微块来研究物体的性质,也可将那些大尺寸构件的试验结果用于微块上去。

3. 小变形假设

在实际工程中,构件在荷载作用下,其变形与构件的原尺寸相比通常很小,可忽略不计,所以在研究构件的平衡和运动时,可按变形前的原始尺寸和形状进行计算。这样做,可以使计算工作大为简化,而又不影响计算结果的精度。

总的来说,在材料力学中是把实际材料看作是连续、均匀、各向同性的变形固体,且限于小变形范围。

二、杆件变形的基本形式

杆件在不同形式的外力作用下,将发生不同形式的变形。但主要是下列四种基本变形之一,或者是几种基本变形形式的组合。

1. 轴向拉伸和轴向压缩

在一对大小相等、方向相反、作用线与杆轴线重合的外力作用下，杆件的主要变形是长度的改变。这种变形称为轴向拉伸 [图1-2（a）] 或轴向压缩 [图1-2（b）]。

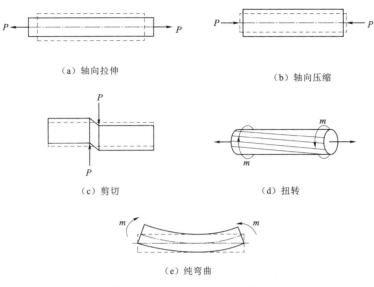

（a）轴向拉伸　　　　　　　　　　　　　（b）轴向压缩

（c）剪切　　　　　　　　　　　　　（d）扭转

（e）纯弯曲

图1-2　杆件变形的基本形式

2. 剪切

在一对相距很近、大小相等、方向相反的横向外力作用下，杆件的主要变形是相邻横截面沿外力作用方向发生错动。这种变形形式称为剪切 [图1-2（c）]。

3. 扭转

在一对大小相等、方向相反、位于垂直于杆轴线的两平面内的外力偶作用下，杆的任意横截面将绕轴线发生相对转动，而轴线仍然维持直线，这种变形称为扭转 [图1-2（d）]。

4. 弯曲

在一对大小相等、方向相反、位于杆的纵向平面内的外力偶作用下，杆件的轴线由直线弯曲成曲线，这种变形形式称为纯弯曲 [图1-2（e）]。

在实际工程中，杆件可能同时承受不同形式的荷载而发生复杂的变形，但都可看作是上述基本变形的组合。由两种或两种以上基本变形组成的复杂变形称为组合变形。

第四节　课程学习要求

一、注意力学与结构、基础之间的关系

力学是结构设计的基础，只有通过力学的分析才能得出内力，内力是结构设计的依据。但建筑结构中的钢筋混凝土结构、砌体结构的材料不是单一均质、弹性材料，因此力学中的强度、刚度、稳定性公式不能直接应用，需考虑在结构试验和建筑经验的基础上建

立，学习中要注意理解和掌握。

二、注意理论联系实际

本课程的理论来源于实践，是前人大量建筑实践的经验总结。因此，学习中一方面要通过课堂学习和各个实践环节结合身边的建筑物实例进行学习；另一方面要有计划、有针对性地到施工现场进行学习，增加感性知识、积累建筑实践经验。

三、注意建筑结构设计答案的不唯一性

建筑结构设计不同于数学和力学问题只有一个答案。建筑结构即使是同一构件在同一荷载作用下，其结构方案、截面形式、截面尺寸、配筋方式和数量等都有多种答案。需要综合考虑结构安全可靠、经济适用、施工条件等多方面因素，确定一个合理的答案。

四、注意学习相关规范

建筑结构设计的依据是国家颁布的规范和标准，从事建筑设计和施工的相关人员必须严格遵守执行，教材从某种意义上来说是对规范的解释和说明，因此同学们要结合课程内容需要自觉学习相关的规范，达到熟悉和正确应用的要求。

本 章 小 结

（1）建筑结构的基本概念：力系简化和平衡的概念、强度问题、刚度问题、稳定性问题及研究几何。

（2）建筑力学与结构、基础的关系：建筑力学的基本知识是为建筑结构设计、地基与基础设计服务的。

（3）本课程的基本任务：强度问题、刚度问题、稳定性问题及研究几何组成规则的概念。

（4）本课程的学习要求：注意力学与结构、基础之间的关系、理论联系实际、建筑结构设计答案的不唯一性及学习相关规范。

（5）本课程的基本假设和基本变形：变形固体的基本假设和杆件变形的基本形式。

第二章 静力学的基本概念

【能力目标、知识目标】

通过本章的学习，培养学生具备将实际的结构简化为力学简图的能力，准确地分析物体的受力，正确画出物体的受力图。

【学习要求】

（1）物体的受力分析，即确定物体受了哪些力的作用以及每个力的作用位置和方向。

（2）学习约束的基本类型及约束反力的基本画法。掌握约束的基本类型，对物体进行正确的受力分析，是学好本课程的基础和前提。

（3）一般掌握：将约束视为一知识单元，它由四个相关的知识点组成，且其相依关系为：约束概念→约束构造→约束性质→约束反力。掌握力的概念、公理及约束等知识是正确进行受力分析的依据。

（4）熟练掌握：静力学的基本概念和公理是静力学的理论基础，对物体进行受力分析是建筑力学课程中第一个重要的基础训练。

第一节 力与平衡的概念

一、力的概念

人们在长期生活和实践中，建立了力的概念：力是物体间的相互机械作用。这种作用使物体运动状态发生改变，并使物体变形。例如，力作用在车子上可以使车由静到动，或使车的运动速度变快，与此同时人也感到车对人有力的作用；力作用在钢筋上可以使直的钢筋弯曲或使弯曲的钢筋变直，同时钢筋有力作用在施力物体上。

二、力的作用效应

力使物体的机械运动状态发生变化，称为力的外效应——运动效应。例如，重力作用下物体加速下落；行驶的汽车刹车时，靠摩擦力慢慢停下来等都属于运动状态发生变化；以及运动效应的特例——平衡。例如，房屋在重力和风力的作用下相对地球保持静止。力使物体的几何尺寸和形状发生变化，称为力的内效应——变形效应。例如，弹簧受拉后伸长；混凝土试块在压力机的压力下被压碎等都属于力的变形效应。在外力作用下几何尺寸和形状都不发生变化的物体称为刚体。

力对物体的作用效果取决于力的三要素：大小、方向和作用点。力的大小表示物体间相互作用的强弱；力的方向包括力的作用线方位和指向，反映了物体间相互作用的方向性；力的作用点表示物体相互作用的位置。力的单位为 N（牛顿）或 kN（千牛顿）。

三、力系

作用在物体上的一组力，称为力系。按照力系中各力作用线分布的不同形式，力系划分如下：

（1）汇交力系。力系中各力作用线汇交于一点。

（2）力偶系。力系中各力可以组成若干力偶或力系由若干力偶组成。

（3）平行力系。力系中各力作用线相互平行。

（4）一般力系。力系中各力作用线既不完全交于一点，也不完全相互平行。

如前所述，按照各力作用线是否位于同一平面内，上述力系又可以分为平面力系和空间力系两大类，如平面汇交力系、空间一般力系等。

四、刚体

实践表明，任何物体受力作用后，总会产生一些变形。但在通常情况下，绝大多数构件或零件的变形都是很微小的。研究证明，在很多情况下，这种微小的变形对物体的外效应影响甚微，可以忽略不计，即认为物体在力作用下大小和形状保持不变。我们把这种在力作用下不产生变形的物体称为刚体，刚体是对实际物体经过科学的抽象和简化而得到的一种理想模型。而当变形在所研究的问题中成为主要因素时（如在材料力学中研究变形杆件），一般就不能再把物体看作是刚体了。

第二节　静 力 学 公 理

一、公理一：二力平衡公理

作用于刚体上的两个力平衡的充分与必要条件是这两个力的大小相等、方向相反、作用线在一条直线上。

这一结论是显而易见的。如图 2-1 所示直杆，在杆的两端施加一对大小相等的拉力（F_1、F_2）或压力（F_1、F_2），均可使杆平衡。

图 2-1　二力直杆的平衡示意图

应当指出，该条件对于刚体来说是充分而且必要的；而对于变形刚体，该条件只是必要的而不是充分的。如柔索当受到两个等值、反向、共线的压力作用时就不能平衡。

在两个力作用下处于平衡的物体称为二力体；若为杆件，则称为二力杆。根据二力平衡公里可知，作用在二力体上的两个力，它们必须通过两个力作用点的连线（与杆件的形状无关），且等值、反向，如图 2-2 所示。

二、公理二：加减平衡力系公理

在作用于刚体上的已知力系上，加上或减去任意一个平衡力系，不会改变原力系对刚体的作用效应。这是因为平衡力系中，诸力对刚体的作用效应相互抵消，力系对刚体的效应等于 0。根据这个原理，可以进行力系的等效变换。

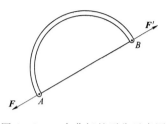

图 2-2　二力曲杆的平衡示意图

推论：力的可传性原理。

作用于刚体上的某点力，可沿其作用线移动到刚体内任意一点，而不改变该力对刚体的作用效应。利用加减平衡力系公理，很容易证明力的可传性原理。如图 2-3 所示，设力 F 作用于刚体上的 A 点。现在其作用线上的任意一点 B 加上一对平衡力系 F_1、F_2，并且使 $F_1 = F_2 = F$，根据加减平衡力系公理可知，这样做不会改变原力 F 对刚体的作用效应，再根据二力平衡条件可知，F_2 和 F 亦为平衡力系，可以撤去。所以，剩下的力 F_1 与原力 F 等效。力 F_1 即可成为力 F 沿其作用线由 A 点移至 B 点的结果。

同样必须指出，力的可传性原理也只适用于刚体而不适用于变形体。

三、公理三：力的平行四边形法则

作用于物体同一点的两个力，可以合成一个合力，合力也作用于该点，其大小和方向由以两个力为邻边的平行四边形的对角线表示。如图 2-4 所示，其矢量表达式为

$$\vec{F}_1 + \vec{F}_2 = \vec{F}_R \tag{2-1}$$

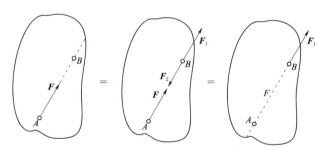

图 2-3　力的可传性原理示意图

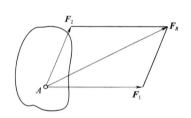

图 2-4　力的平行四边形法则示意图

在求两共点力的合力时，为了作图方便，只需画出平行四边形的一半，即三角形便可。其方法自然是任意点 O 开始，先画出矢量 F_1，然后再由 F_1 的终点画出另一矢量 F_2，最后由 O 点至力矢 F_2 的终点作一矢量 F_R，它就代表 F_1、F_2 的合力矢。合力的作用点仍为 F_1、F_2 的汇交点 A。这种作图法称为力的三角形法则。显然，若改变 F_1、F_2 的顺序，其结果不变，如图 2-5 所示。

利用力的平行四边形法则，也可以把作用在物体上的一个力，分解为

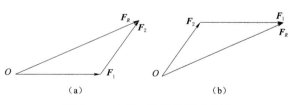

（a）　　　　　　　　（b）

图 2-5　力的三角形法则示意图

相交的两个分力，分力与合力作用于同一点。实际计算中，常把一个力分解为方向已知的两个力，图 2-6 即为把一个任意力分解为方向已知且相互垂直的两个分力。

推论：三力平衡汇交定理。

一刚体受不平行的三个力作用而平衡时，此三力的作用线共面且汇交于一点。

如图 2-7 所示，设在刚体上的 A、B、C 三点，分别作用不平行的三个相互平衡的力 F_1、F_2、F_3。根据力的可传性原理，将力 F_1、F_2 移到其汇交点 O，然后根据力的平行四边形法则，得合力 F_{R12}。则力 F_3 应与 F_{R12} 平衡。由二力平衡公理可知，F_3 与 F_{R12} 必共线。因此，力 F_3 的作用线必通过 O 点并与力 F_1、F_2 共面。

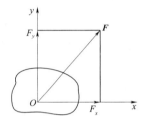
图 2-6　力的分解示意图

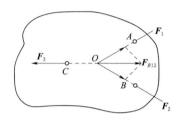
图 2-7　三力平衡汇交定理示意图

应当指出，三力平衡汇交公理只说明了不平行的三力平衡的必要条件，而不是充分条件。它常用来确定刚体在不平行三力作用下平衡时，其中某一未知力的作用线。

四、公理四：作用力与反作用力公理

两个物体间相互作用的一对力，总是大小相等、方向相反、作用线相同，并分别而且同时作用于这两个物体上。

这个公理概括了任何两个物体间相互作用的关系。有作用力，必定有反作用力。两者总是同时存在，又同时消失。因此，力总是成对地出现在两相互作用的物体上的。

这里，要注意二力平衡公理和作用力与反作用力公理是不同的，前者是对一个物体而言，而后者则是对物体之间而言。

第三节　约束、约束反力和荷载

自然界中的一切事物总是以各种形式与周围事物互相联系而又互相制约。在工程结构中，每一构件都根据工作要求以一定方式和周围其他构件联系着，它的运动因而受到一定的限制。例如，梁由于墙的支持而不致下落，列车只能沿轨道行驶，门、窗由于合页的限制只能绕固定轴转动等。

一、约束、约束反力

凡是对一个物体的运动（或运动趋势）起限制作用的其他物体，就称为这个物体的约束。

能使物体运动（或有运动趋势）的力称为主动力。主动力往往是给定的或已知的，例

如物体的重力、电磁力、水压力、土压力、风压力等。

约束既然限制物体的运动，也就给予该物体以作用力，约束施加在被约束物体上的力称为约束反力。例如，梁压在墙上，墙阻止梁下落而反作用于梁一向上的支承力，即墙给梁的约束反力。约束反力的方向总是与约束所阻止的物体运动趋势方向相反。约束反力的方向与约束反力本身的性质有关。

二、约束的基本类型及其约束反力的特点

（一）柔性约束

绳索、链条、传送带等柔性物体形成的约束即柔性约束。这些物体只能受拉，而不能受压。作为约束，它们只能限制物体沿其中心伸长方向的运动，而不能限制物体沿其他方向的运动。因此，柔性约束的约束反力是通过接触点沿柔性物体中心线背离物体的拉力，以 F_T 表示。如图 2-8（a）所示，起吊重物时，绳索对物体的约束反力 F_{TA}、F_{TB}。又如图 2-8（b）所示的带传动，带对轮 O_1 和 O_2 的反约束力为 F_{T1}、F_{T2} 和 F'_{T1}、F'_{T2}。

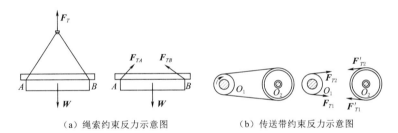

（a）绳索约束反力示意图　　　　（b）传送带约束反力示意图

图 2-8　柔性约束的约束反力示意图

（二）光滑面约束

不计摩擦的光滑平面或曲面构成对物体运动的限制时，称为光滑面约束。

这种约束无论是平面还是曲面，都不能限制物体沿接触面切线方向的运动，而只能限制沿接触面公法线方向的运动。因此，光滑面约束的约束反力是在接触处沿接触面的公法线，且指向物体的压力，用 F_N 表示。

一矩形构件搁置在槽中［图 2-9（a）］，光滑构件在 A、B、C 三点与光滑槽壁接触，三处的约束反力为垂直于接触面、指向矩形构件的压力 F_{NA}、F_{NB}、F_{NC}，如图 2-9（b）所示。

图 2-10 为光滑小球与光滑曲面接触，小球受重力 W 和约束力 F_{NA} 的作用。

（三）圆柱铰链约束

圆柱铰链是用一圆柱（例如销钉），将两个构件连接在一起，如图 2-11（a）所示。连接方式为用销钉插入两构件的圆孔中，且认为销钉与圆孔的表面是完全光滑的，两个构件都可绕销钉自由转动，但销钉限制了两构件的相对移动。按照光滑接触面约束反力的特点销钉给物体的约束反力 F_N 应沿接触点 K 的公法线方向，即过销钉的中心，如图 2-11（b）所示。但因接触点 K 的位置与作用在活动部分的主动力有关，一般不能预先确定，所以约束反力的方向也不能预先确定。因此，常常用通过销钉中心互相垂直的两个分力 F_{Nx}、F_{Ny} 来表示，如图 2-11（c）所示。

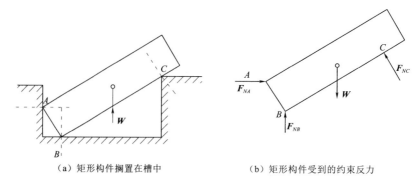

（a）矩形构件搁置在槽中　　　　　（b）矩形构件受到的约束反力

图 2-9　光滑平面的约束反力示意图

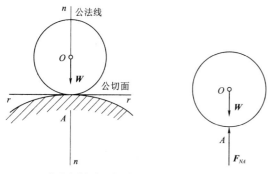

（a）光滑小球与光滑曲面接触　　（b）光滑小球受到的约束反力

图 2-10　光滑曲面的约束反力示意图

承面或机架的连接即固定铰支座。

门、窗用的合页、燃气灶盘上的爪连接、教师讲课时用的圆规等都是圆柱铰链约束的实例。圆柱铰链约束的常见形式包括以下几种：

（1）固定铰链支座。即用销钉将物体与支承面或固定机架连接起来，称为固定铰链支座，如图 2-12（a）所示。其计算简图如图 2-12（b）所示。其约束反力画法与圆柱铰链相同，用图 2-12（c）表示。

工程中起重机起重臂等结构同支

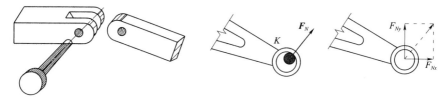

（a）圆柱铰链　　（b）圆柱铰链的约束反力　　（c）圆柱铰链的约束反力分力

图 2-11　圆柱铰链约束反力示意图

（a）固定铰链支座　　（b）固定铰链支座计算简图　　（c）固定铰链支座约束反力

图 2-12　固定铰链支座约束反力示意图

（2）可动铰链支座。在固定铰链支座的座体与支承面之间有辊轴就称为可动铰链支座，如图 2 - 13 （a）所示。其简图可用图 2 - 13 （b）表示。因为有辊轴，这种支座的约束反力必垂直于支承面如图 2 - 13 （c）所示。

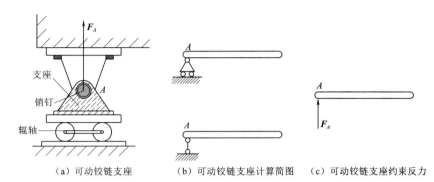

（a）可动铰链支座　　　（b）可动铰链支座计算简图　　（c）可动铰链支座约束反力

图 2 - 13　可动铰链支座约束反力示意图

在工程实际中，一些钢架桥或大型钢梁通常是一端用固定铰链支座，另一端用可动铰链支座，当桥梁因热胀冷缩而长度稍有变化时，可动铰链支座相应地沿支承面滑动，从而避免由温度变化引起的不良后果。

（四）链杆约束

两端以铰链与不同的两物体分别连接且其自重不计的直杆称为链杆，如图 2 - 14 （a）所示的 AB 杆。这种约束只能限制物体沿着链杆中心线趋向或离开链杆的运动，而不能限制其他方向的运动。所以，链杆的约束反力沿着链杆中心线，指向未定。链杆约束的简图及其反力如图 2 - 14 （b）、（c）所示。

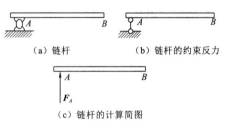

（a）链杆　　　　（b）链杆的约束反力

（c）链杆的计算简图

图 2 - 14　链杆的约束反力示意图

（五）固定端约束

工程中常将构件牢固地嵌在墙或基础内，使物件既不能在任何方向上移动，也不能自由转动，这种约束称为固定端约束。例如梁端被牢固地嵌在墙中时，如图 2 - 15 （a）所示。又如钢筋混凝土柱，插入基础部分较深，因此柱的下部被嵌固的很牢，不能产生转动和任何方向的移动，即可视为固定端约束，如图 2 - 15 （b）所示。这种既能限制物体移动，又能限制物体转动的约束称为固定端约束。

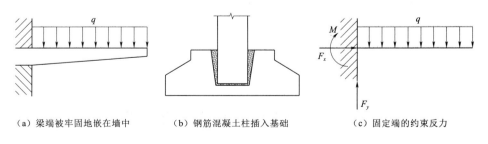

（a）梁端被牢固地嵌在墙中　　　（b）钢筋混凝土柱插入基础　　　（c）固定端的约束反力

图 2 - 15　固定端约束反力示意图

固定端约束的约束反力有三个：作用于嵌入处截面形心上的水平约束反力 F_x 和垂直约束反力 F_y，以及约束反力偶 M，如图 2-15（c）所示。

建筑物的阳台、房屋的雨篷，埋在地里的电线杆都受固定端约束。

作用在物体上的力或力系称为外力，物体所受的外力包括主动力和约束反力两种，其中主动力又称为荷载（即为直接作用）。如人和物体的自重、风压力、水压力等。

荷载按分布形式可简化分如下。

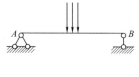

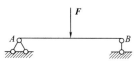

图 2-16　集中力示意图

1. 集中力

荷载的分布面积远小于物体受载的面积时，可近似地看成集中作用在一点上，故称为集中力。集中力在日常生活和实践中经常遇到。例如人站在地板上，人的重力就是集中力（图 2-16）。集中力的单位是牛顿（N）或千牛顿（kN），通常用字母 F 表示。

2. 均布荷载

荷载连续作用称为分布荷载，若大小各处相等，则称为均布荷载。单位面积上承受的均布荷载称为均布面荷载，通常用字母 F_q 表示，单位为牛顿每平方米（N/m²）或千牛顿每平方米（kN/m²）。单位长度上承受的均布荷载称为均布线荷载通常用字母 q 表示（图2-17），单位为牛顿每米（N/m）或千牛顿每米（kN/m）。

3. 集中力偶

如图 2-18 所示荷载作用在梁上的长度远小于梁的长度时，则可简化为作用在梁上某截面处的一对反向集中力，称为集中力偶，用符号 M 表示，其单位为牛·米（N·m）或千牛·米（kN·m）。

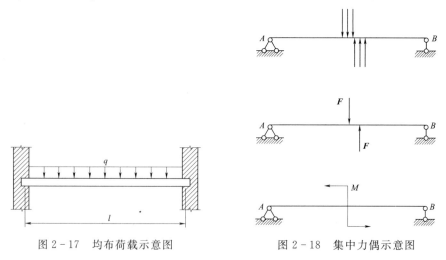

图 2-17　均布荷载示意图　　　　　图 2-18　集中力偶示意图

第四节　受力分析和受力分析图

解决力学问题时，首先要确定物体受哪些力的作用，以及每个力的作用位置和方向，然后再用图形清楚地表达出物体的受力情况。前者称为受力分析，后者称为画受力图，画受力图有两个重要步骤：

（1）根据求解问题的需要，把选定的物体（研究对象）从周围的物体中分离出来，单独画出这个物体的简图，这一步骤称为取分离体。取分离体解除了研究对象的约束。

（2）在分离体上面画出全部主动力和代表每个约束作用的约束反力，这种图形称为受力图。

主动力通常是已知力，约束反力则要根据相应的约束类型来确定，每画一个力都应明确它的施力物体；当一个物体同时有多个约束时，应分别根据每个约束单独作用的情况，画出约束反力，而不能凭主观臆测来画。

【例 2-1】 重量为 W 的小球放置在光滑的斜面上，并用一根绳拉住，如图 2-19（a）所示。试画小球的受力图。

解：（1）取小球为研究对象，解除斜面和绳的约束，画出隔离体。

（2）作用在小球上的主动力是作用点在球心的重力 W，方向铅垂向下。作用在小球上的约束反力有绳和斜面的约束力。绳为柔性约束，对小球的约束反力为过 C 点沿斜面向上的拉力 F_T。斜面为光滑面的约束，对小球的约束反力为过球与斜面接触点 B，垂直于斜面指向小球的压力 F_N。

（3）根据以上分析，在隔离体相应位置上画出主动力 W，约束力 F_T 和 F_N，如图 2-19（b）所示。

【例 2-2】 水平梁在 A、B 两处分别为固定铰支座和可动铰支座，梁在 C 点受一集中力 F，如图 2-20（a）所示。若不考虑梁的自重，试画出梁的受力图。

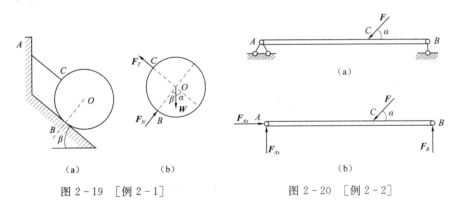

图 2-19 ［例 2-1］   图 2-20 ［例 2-2］

解：（1）以梁为研究对象，解除两端支座约束，画出隔离体。

（2）作用在梁上的主动力即集中力 F，其作用点与方向如图所示。A 端为固定铰支座约束，对梁的约束反力可用水平分力 F_{Ax} 和铅垂分力 F_{Ay} 表示；B 端为可动铰支座，对梁的约束力垂直于支承面，铅垂向上，用 F_B 表示。

（3）在梁的 C 点画出主动力 F，在 A 端画约束反力 F_{Ax}、F_{Ay}，在 B 端画出约束反力 F_B，如图 2-20（b）所示。

【例 2-3】 单臂旋转吊车，如图 2-21（a）所示，A、C 为固定铰支座，横梁 AB 和杆 BC 在 B 处用铰链连接，吊重为 W，作用在 D 点。试画出梁 AB 及杆 BC 的受力图（不计结构自重)。

解：(1) 分别取梁 AB 和杆 BC 为研究对象。解除梁 A、B 和杆 B、C 两端的约束，画出其隔离体。

(2) 梁 AB 受主动力为吊重 W，其作用点和方向已知。A 段为固定铰支座，其约束反力可用水平分力 F_{Ax}、铅垂分力 F_{Ay} 表示；B 端为可动铰链约束。杆 BC 因不计自重，为用铰链连接的链杆，故 B、C 两处约束反力必满足二力平衡条件，即沿 B、C 连线方向。考虑到 AB 梁与 BC 杆在 B 点的相互作用力为作用力与反作用力，AB 梁 B 处的约束反力必与杆 BC 在 B 处的约束反力方向、共线、等值。即两个物体的作用力与反作用力大小相等、方向相反、作用在同一条直线上。这就是作用力与反作用力公理。

(3) 按二力平衡条件画出 BC 杆受力图，如图 2-21 (b) 所示。在 AB 梁上 D 点画吊重 W，在 A 端画出约束反力 F_{Ax}、F_{Ay}，在 B 端画出与 F_B 方向相反的约束反力 F_B'，如图 2-21 (c) 所示。

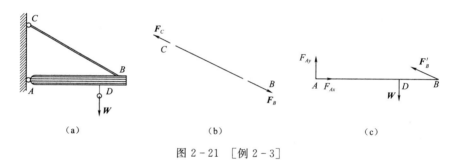

图 2-21 ［例 2-3］

通过以上例题分析，画受力图时应注意以下几个问题：

(1) 要根据问题的条件和要求，选择合适的研究对象，画出其隔离体。隔离体的形状、方位与原物体保持一致。

(2) 根据约束的类型和约束反力的特点，确定约束反力的作用位置和作用方向。

(3) 分析物体受力时注意找出链杆，先画出链杆受力图，利用二力平衡条件确定某些约束反力的方向。

(4) 注意作用力与反作用力必须反向。

本　章　小　结

1. 静力分析的基本概念

(1) 力：力是物体间的相互机械作用。这种作用使物体运动状态发生改变，并使物体变形。

(2) 力偶：大小相等、方向相反、不在同一直线上的两个力组成的力系称为力偶。

(3) 刚体：在外力作用下几何尺寸和形状都不发生变化的物体称为刚体。

(4) 平衡：物体相对于地球处于静止或做匀速直线运动称为平衡。

(5) 约束：凡是对一个物体的运动（或运动趋势）起限制作用的其他物体，为这个物体的约束。

2. 静力分析中的公理

静力分析中的公理揭示了力的基本性质，是静力分析的理论基础。

（1）二力平衡公理说明了作用在一个刚体上的两个力的平衡条件。

（2）加减平衡力系公理是力系等效代换的基础。

（3）力的平行四边形公理给出了共点力的合成方法。

（4）作用与反作用公理说明了物体间相互作用的关系。

3. 物体受力分析，画受力图

分离体即研究对象，在其上画出受到的全部力的图形称为受力图。画受力图要明确研究对象，去掉约束，单独取出，画上所有主动力与约束反力。

复 习 思 考 题

1. 力的三要素是什么？

2. "大小相等，方向相反且作用线共线的两个力，一定是一对平衡力。"这种说法是否正确？为什么？

3. 哪几条公理或推论只适用于刚体？

4. 二力平衡公理和作用力与反作用力定理中，都说是二力等值、反向、共线，其区别在哪里？

5. 判断下列说法是否正确，为什么？

（1）刚体是指在外力作用下变形很小的物体。

（2）凡是两端用铰链连接的直杆都是二力杆。

（3）如果作用在刚体上的三个力共面且汇交于一点，则刚体一定平衡。

（4）如果作用在刚体上的三个力共面，但不汇交于一点，则刚体不能平衡。

习 题

2-1 画出下列各物体的受力图，如题 2-1 图所示。所有的接触面都是光滑的。凡未注明的重力均不计。

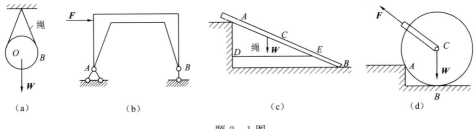

(a) (b) (c) (d)

题 2-1 图

2-2 画出题 2-2 图中 AB 杆的受力图。

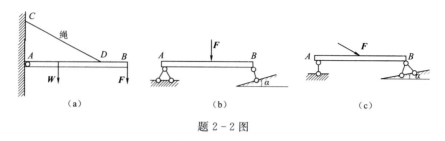

题 2-2 图

2-3　画出题 2-3 图中杆 AB 的受力图。

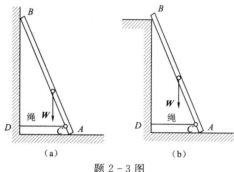

题 2-3 图

2-4　画出题 2-4 图中 AB 梁的受力图（梁的自重忽略不计）。

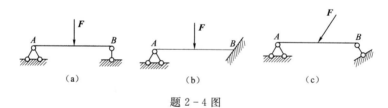

题 2-4 图

2-5　画出题 2-5 图中三脚架 B 处的销钉和各杆的受力图（各杆的自重忽略不计）。

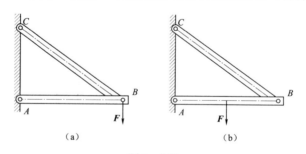

题 2-5 图

第三章　平　面　力　系

【能力目标、知识目标】

通过本章的学习，培养学生利用平面汇交力系、平面力偶系和平面一般力系简化和平衡的理论，解决工程实际中的平衡问题的能力，如求各类支座约束反力。

【学习要求】

（1）本章介绍力学中两个基本物理量——力和力偶以及力系的简化方法。一般掌握：理解力和力偶以及刚体和平衡的概念。

（2）研究物体在力的作用下处于平衡状态的规律，建立平面力系的平衡条件。熟练掌握：平面一般力系平衡条件，应用平衡条件求出未知量的大小。

（3）本章涉及两个基本的计算量——力的投影和力对点之矩。

（4）许多力学问题都可简化为平面一般力系问题来处理，因此掌握平面一般力系简化和平衡的理论，有十分重要的实际意义。

（5）要求能利用平面一般力系简化和平衡的理论，解决工程实际中的平衡问题。

第一节　平面汇交力系的合成与平衡

在工程实际中常将力系分类。通常按照各力的作用线的分布情况，可把力系分为不同的类型。若各力的作用线在同一平面内称为平面力系，否则称为空间力系。在这两类力系中，若各力的作用线汇交于一点称为汇交力系。本节只讲述平面汇交力系。

本节所要讲述的主要问题是：①汇交力系的合成与分解；②汇交力系的平衡条件及其作用。

一、力在坐标轴上的投影

设力 F 作用在物体上的 A 点，在力 F 作用线所在平面内，建立直角坐标系 Oxy（图 3-1）。

过力 F 的起点 A、终点 B 分别向 x 轴做垂线，得垂足 a、b，ab 的大小并冠以适当的正负号，称为力 F 在 x 轴上的投影，记为 F_x。投影的正负规定为：从 a 到 b 的指向与坐标轴 x 正向相同为正，反之为负。可见图 3-1 中力 F 在 x 轴上的投影为 $F_x = F\cos\alpha$。同理可得，力 F 在 y 轴上的投影 $F_y = -F\sin\alpha$。

一般情况下，在直角坐标系 Oxy 中，若已知力 F 与 x 轴所夹的锐角为 α，则力 F 在 x、y 轴上的投影分别为

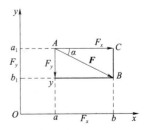

图 3-1　力在坐标轴上的
投影示意图

19

$$\begin{cases} F_x = \pm F\cos\alpha \\ F_y = \pm F\sin\alpha \end{cases} \tag{3-1}$$

【例 3-1】 已知力 $\boldsymbol{F}_1 = 30\text{N}$，$\boldsymbol{F}_2 = 20\text{N}$，$\boldsymbol{F}_3 = 50\text{N}$，$\boldsymbol{F}_4 = 60\text{N}$，$\boldsymbol{F}_5 = 30\text{N}$，各力方向如图 3-2 所示，试求各力在 x 轴和 y 轴上的投影值。

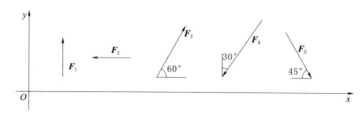

图 3-2　[例 3-1]

解：

$$F_{1x} = F_1\cos90° = 0$$

$$F_{1y} = F_1\sin90° = 30\times1 = 30(\text{N})$$

$$F_{2x} = -F_2\cos0° = -20\times1 = -20(\text{N})$$

$$F_{2y} = F_2\sin0° = 0$$

$$F_{3x} = F_3\cos60° = 50\times\frac{1}{2} = 25(\text{N})$$

$$F_{3y} = F_2\sin60° = 50\times\frac{\sqrt{3}}{2} = 43.30(\text{N})$$

$$F_{4x} = -F_4\sin30° = -60\times\frac{1}{2} = -30(\text{N})$$

$$F_{4y} = -F_4\cos30° = -60\times\frac{\sqrt{3}}{2} = -51.96(\text{N})$$

$$F_{5x} = F_5\cos45° = 30\times\frac{\sqrt{2}}{2} = 21.21(\text{N})$$

$$F_{5y} = -F_5\sin45° = -30\times\frac{\sqrt{2}}{2} = -21.21(\text{N})$$

由上例计算可知：

（1）如力的作用线和坐标轴垂直，则力在该坐标轴上的投影值等于零。

（2）如力的作用线和坐标轴平行，则力在该坐标轴上的投影的绝对值等于力的大小。

二、平面汇交力系的合成

作用在物体上某一点的两个力，可以合成为作用在该点的一个合力，合力的大小和方向用这两个力为邻边所构成的平行四边形的对角线来确定，这就是平行四边形法则，如图 3-3 所示，其矢量表达式为 $\boldsymbol{F}_A = \boldsymbol{F}_1 + \boldsymbol{F}_2$。它总结了最简单力系的合成规律，其逆运算就是力的分解法则，它是简化复杂力系的基础。在求合力 $\boldsymbol{F}_R$ 的大小和方向时，不必画出平行四边形 $ABCD$，而是画出三角形 ABC 或 ADC 即可，称为力的三角形法则。

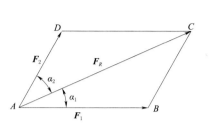

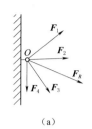

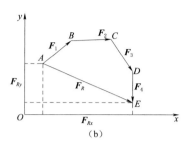

图 3-3　平行四边形法则应用图　　　　图 3-4　力的三角形法则应用图

在求两个以上平面汇交力系的合力时，可连续应用力的三角形法则。如墙上固定环上受到一组汇交力作用，各力作用线在同一平面上并汇交于 O 点，如图 3-4（a）所示。为求汇交力系的合力，连续应用三角形法则，如图 3-4（b）所示。F_R 就是原汇交力系（F_1、F_2、F_3、F_4）的合力。其矢量表达式表示为

$$\vec{F}_R = \vec{F}_1 + \vec{F}_2 + \vec{F}_3 + \vec{F}_4 = \sum \vec{F}$$

向 x 轴、y 轴投影，则

$$\begin{cases} F_{Rx} = F_{1x} + F_{2x} + \cdots + F_{nx} = \sum F_x \\ F_{Ry} = F_{1y} + F_{2y} + \cdots + F_{ny} = \sum F_y \end{cases} \quad (3-2)$$

式（3-2）即合力投影定理：合力在坐标轴上的投影，等于各分力在同一轴上投影的代数和。

合力投影定理虽然由平面汇交力系推出，但适用于任何力系。

由合力投影定理，可以求出平面汇交力系的合力。若刚体上作用一已知的平面汇交力系 F_1、F_2、$\cdots$、F_n，根据合力投影定理，可得 F_{Rx} 和 F_{Ry}，如图 3-5（b）所示，则合力的大小为

$$\begin{cases} F_R = \sqrt{F_{Rx}^2 + F_{Ry}^2} \\ \tan\alpha = \left| \dfrac{F_{Ry}}{F_{Rx}} \right| \end{cases} \quad (3-3)$$

式中　α——合力 F_R 与 x 轴所夹的锐角，具体指向可由 F_{Rx} 和 F_{Ry} 正负确定。

【例 3-2】　如图 3-6（a）所示，吊钩受 F_1、F_2、F_3 三个力的作用。若 $F_1 = 732\text{N}$，$F_2 = 732\text{N}$，$F_3 = 2000\text{N}$。试求合力的大小和方向。

解：（1）建立图 3-6（a）所示平面直角坐标系。

（2）根据力的投影公式，求各力在 x 轴、y 轴上的投影。

$$F_{1x} = 732\text{N}$$

$$F_{2x} = 0$$

$$F_{3x} = -F_3 \cos30° = -2000 \times \left(\frac{\sqrt{3}}{2} \right) = -1732\text{（N）}$$

$$F_{1y} = 0$$

$$F_{2y} = -732\text{N}$$

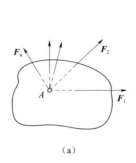

(a)

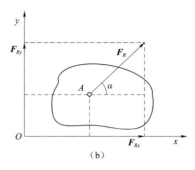

(b)

图 3 - 5　合力投影定理应用图

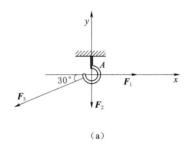

(a)

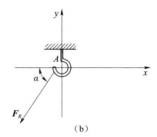

(b)

图 3 - 6　[例 3 - 2]

$$F_{3y} = -F_3 \sin 30° = -2000 \times 0.5 = -1000(\text{N})$$

（3）由合力投影定理求合力。

$$F_{Rx} = F_{1x} + F_{2x} + F_{3x} = 732 + 0 - 1732 = -1000(\text{N})$$

$$F_{Ry} = F_{1y} + F_{2y} + F_{3y} = 0 - 732 - 1000 = -1732(\text{N})$$

则合力的大小为：

$$F_R = \sqrt{F_{Rx}^2 + F_{Ry}^2} = \sqrt{(-1000)^2 + (-1732)^2} = 2000(\text{N})$$

由于 F_{Rx}、F_{Ry} 均为负，则合力 F 指向左下方 [图 3 - 6（b）]，与 x 轴所夹角 α 为

$$\tan\alpha = \left| \frac{F_{Ry}}{F_{Rx}} \right| = \left| \frac{(-1732)}{(-1000)} \right| = 1.732$$

$$\alpha = 60°$$

三、平面汇交力系的平衡

物体总是沿着合力的指向作机械运动，要使物体保持平衡，即静止或做匀速直线运动，合力必须等于 0，即平面汇交力系平衡的必要和充分条件是合力 F_R 为 0。因而，合力在任意两个直角坐标上的投影也为 0。即

$$\begin{cases} \sum F_x = F_{1x} + F_{2x} + \cdots + F_{nx} = 0 \\ \sum F_y = F_{1y} + F_{2y} + \cdots + F_{ny} = 0 \end{cases} \qquad (3-4)$$

式（3 - 4）称为平面汇交力系的平衡方程，它是两个独立方程，利用它可以求解两个未知量。

如前所述，利用平衡条件可以解决两类问题：

（1）检验刚体在力系作用下是否平衡。

（2）刚体处于平衡时，求解任意两个未知量。

下面举例说明利用平面汇交力系的平衡方程求解未知力的主要步骤。

【例 3 - 3】 重 W 的物块悬于长 l 的吊索上，如图 3 - 7 所示。有人以水平力 F 将物块向右推过水平距离 x 处。已知 $W = 1.2\text{kN}$，$l = 13\text{m}$，$x = 5\text{m}$，试求所需水平力 F 的值。

解：（1）取物块为研究对象，画其受力图如图 3 - 7（b）所示。

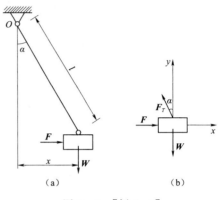

图 3 - 7 ［例 3 - 3］

（2）建立直角坐标系如图 3 - 7（b）所示，列平衡方程求解：

$$\sum F_y = 0 \quad F_T \cos\alpha - W = 0$$

$$F_T = \frac{W}{\cos\alpha} \qquad \text{（例 3 - 3 - 1）}$$

$$\sum F_x = 0 \quad F - F_T \sin\alpha = 0 \qquad \text{（例 3 - 3 - 2）}$$

由式（例 3 - 3 - 1）、式（例 3 - 3 - 2）可得

$$F = W \cdot \tan\alpha = \frac{Wx}{\sqrt{l^2 - x^2}} = 0.5\text{kN}$$

第二节　平面力偶系的合成和平衡

一、力对点的矩

力对刚体的运动效应，除移动效应外还有转动效应。力对刚体的转动效应用什么度量呢？

如图 3 - 8 所示，用扳手拧螺母时，力 F 使扳手绕螺母中心 O 点的转动效应，不仅与力 F 的大小成正比，而且与 O 点到力 F 的作用线的垂直距离 d 成正比。因此规定，用力的大小 F 与 d 的乘积度量力 F 使扳手绕 O 点的转动效应，称为力 F 对 O 点之矩，简称力矩，用符号 $M_O(F)$ 表示。即

$$M_O(F) = \pm Fd \qquad (3-5)$$

式中　O 点——"矩心"；

　　　　d——"力臂"。

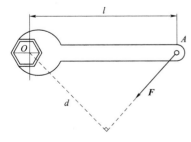

图 3 - 8　力对点的矩示意图

在平面图形（图 3 - 8）中，矩心为一点，实际上它表示过该点垂直于平面的轴线，即为螺栓轴线。力矩

的正负规定为：力使物体绕矩心逆时针方向转动时，力矩为正；反之为负。

可见，在平面问题中，力对点之矩包含力矩的大小和转向（以正负表示），因此，力矩为代数量。前者度量力使物体产生转动效应的大小，后者表示转动方向。力矩的单位是 N•m。

由力矩的定义式可知，力矩有下列性质：

（1）力对矩心之矩，不仅与力的大小和方向有关，而且与矩心的位置有关。

（2）力沿其作用线滑移时，力对点之矩不变。因为此时力与力臂未改变。

（3）当力的作用线通过矩心时，力矩为零。因为此时力臂为零。

【例3-4】 大小相等的三个力，以不同的方向加在扳手的 A 端，如图 $3-9$ 所示。若 $F=100\text{N}$，其他尺寸如图 $3-9$ 所示。试求三种情形下力 $\boldsymbol{F}$ 对 O 点之矩。

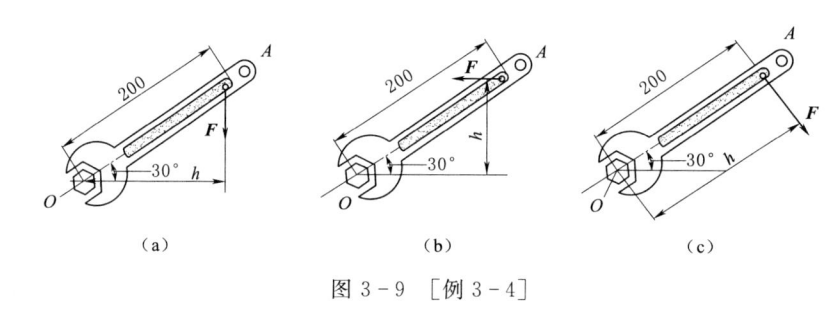

图 $3-9$ ［例 $3-4$］

解： 三种情形下，虽然力的大小、作用点均相同，矩心也相同，但由于力的作用线方向不同，因此力臂不同，所以力对 O 点之矩也不同。

对于图 $3-9$（a）中的情况，力臂 $d=200\cos30°\text{mm}$。故力对 O 点之矩为
$$M_O(F)=-Fd=-100\times200\times10^3\cos30°=-17.3(\text{N}\cdot\text{m})$$

对于图 $3-9$（b）中的情况，力臂 $d=200\sin30°\text{mm}$，故力对 O 点之矩为
$$M_O(F)=Fd=100\times200\times10^3\sin30°=-10(\text{N}\cdot\text{m})$$

对于图 $3-9$（b）中的情况，力臂 $d=200\text{mm}$，故力对 O 点之矩为
$$M_O(F)=-Fd=-100\times200\times10^3=-20(\text{N}\cdot\text{m})$$

可见，三种情形中，以图 $3-9$（c）中的力对 O 点之矩数值最大，这与实践是一致的。

二、合力矩定理

在计算力矩时，若直接计算力臂比较困难。有时，如果将力适当的分解，计算各分力的力矩可能很简单，因此就需要建立合力对某点的力矩与其分力对同一点的力矩之间的关系。

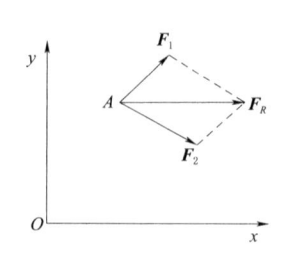

设图 $3-10$ 中 A 点上的作用力 $\boldsymbol{F}_1$、$\boldsymbol{F}_2$，且 $\boldsymbol{F}_R=\boldsymbol{F}_1+\boldsymbol{F}_2$，可以证明
$$M_O(F_R)=M_O(F_1)+M_O(F_2)$$
对于由 n 个力 $\boldsymbol{F}_1$，$\boldsymbol{F}_2$，$\boldsymbol{F}_3$，…，$\boldsymbol{F}_n$ 组成的汇交力系，上式同样成立。即

图 $3-10$　合力与分力示意图

$$M_O(F_R)=M_O(F_1)+M_O(F_2)+\cdots+M_O(F_n)=\sum M_O(F) \qquad (3-6)$$

式（3-6）表明，平面汇交力系的合力对平面内任意一点之矩，等于力系中所有分力对同一点之矩的代数和，此关系称为合力矩定理。这个定理对任何力系均成立。

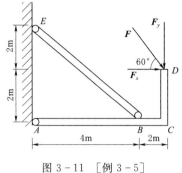

【例3-5】 构件尺寸如图3-11所示，在 D 处有大小为 4kN 的力 F，试求力 F 对 A 点之矩。

解： 由于本题的力臂 d 确定比较复杂，故将力 F 正交分解为

图 3-11 ［例3-5］

$$F_x=F\cdot\cos60°$$
$$F_y=F\cdot\cos60°$$

由合力矩定理得

$$M_A(F)=-M_A(F_X)-M_A(F_y)=-F\cdot F_{ny}\cos60°\times2-F\cdot\sin60°\times6$$

$$=-4\times\frac{1}{2}\times2-4\times\frac{\sqrt{3}}{2}\times6=-24.78(\text{kN}\cdot\text{m})$$

三、平面力偶

汽车司机用双手转动方向盘［图3-12（a）］、钳工用铰杆和丝锥加工螺纹孔［图3-12（b）］时，都作用了大小相等、方向相反、不共线的两个力。我们把大小相等、方向相反、不在同一直线上的两个力组成的力系称为力偶［图3-12（c）］，记为（F、F'）。物体作用两个或两个以上力偶时，这些力偶组成力偶系。

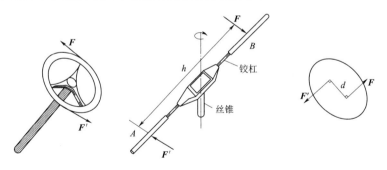

（a）方向盘示意图　　　　（b）加工螺纹孔示意图　　（c）力偶示意图

图 3-12 平面力偶示意图

力偶使刚体产生的转动效应，用其中一个力的大小和力偶臂的乘积来度量，称为力偶矩，记为 M 或 $M(F$、$F')$。考虑到物体的转向，力偶矩可写成

$$M=\pm Fd \qquad (3-7)$$

力偶矩的正负规定与力矩正负规定一致，即：使物体逆时针方向转动的力偶矩为正；反之为负。

在平面问题中，力偶矩也是代数量。力偶矩的单位与力矩单位相同，即 N·m。

根据力偶的概念可以证明，力偶具有以下性质：

（1）力偶在其作用面上任一轴的投影为零。

（2）力偶对其作用面上任一点之矩，与矩心位置无关，恒等于力偶矩。

四、平面力偶系的合成和平衡

作用在同一物体上的若干个力偶组成一个力偶系，若力偶系中各力偶均作用在同一平面，则称为平面力偶系。

1. 合成

既然力偶对物体只有转动效应，而且，转动效应由力偶矩来度量，那么，平面内有若干个力偶同时作用时（平面力偶系），也只能产生转动效应，且其转动效应的大小等于力偶转动效应的总和。可以证明，平面力偶系合成的结果为一合力偶，其合力偶矩等于各分力偶矩的代数和。即

$$M_合 = M_1 + M_2 + \cdots + M_n = \sum M \qquad (3-8)$$

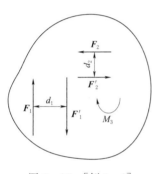

图 3-13　［例 3-6］

【例 3-6】　如图 3-13 所示，某物体受三个共面力偶的作用，已知 $F_1 = 9\text{kN}$、$d_1 = 1\text{m}$，$F_2 = 6\text{kN}$、$d_2 = 0.5\text{m}$，$M_3 = -12\text{kN} \cdot \text{m}$，试求其合力偶。

解： 由式（3-8）得

$$M_1 = -F_1 \cdot d_1 = -9 \times 1 = -9(\text{kN} \cdot \text{m})$$
$$M_2 = F_2 \cdot d_2 = 6 \times 0.5 = 3(\text{kN} \cdot \text{m})$$

合力偶矩：

$$M_合 = M_1 + M_2 + M_3 = -9 + 3 - 12 = -18(\text{kN} \cdot \text{m})$$

2. 力偶系的平衡

由于平面力偶系合成的结果是一个合力偶，所以当合力偶矩等于零时，即顺时针方向转动的力偶矩与逆时针方向转动的力偶矩相等，作用效果相互抵消，物体必处于平衡状态。因此，平面力偶系平衡的必要和充分条件是：力偶系中各力偶矩的代数和为零。即

$$M_合 = \sum M = 0 \qquad (3-9)$$

【例 3-7】　求图 3-14（a）中梁的支座反力。

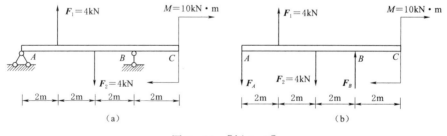

图 3-14　［例 3-7］

解： 研究梁 AC，力 F_1 和 F_2 大小相等、方向相反、作用线互相平行，组成一力偶，梁在力偶（F_1、F_1）、M 和支座 A、B 的约束反力作用下处于平衡，因梁在主动力的作

用下只有转动作用，所以 F_A 与 F_B 必组成一力偶，其指向假设［图 3 - 14（b）］，受力由平面力偶系的平衡条件得

$$\sum M_B = 0 \quad -M - 4F_1 + 2F_2 + 6F_A = 0$$
$$F_A = 3\text{kN}$$
$$F_B = F_A = 3\text{kN}$$

以上计算结果为正值，表示支座反力的方向与假设的方向一致。

【例 3 - 8】 不计重量的水平杆 AB，受到固定铰支座 A 和链杆 DC 的约束，如图 3 - 15 所示。在杆 AB 的 B 端有一力偶作用，力偶矩的大小为 $M = 100\text{N} \cdot \text{m}$。求固定铰支座 A 和链杆 DC 的约束反力。

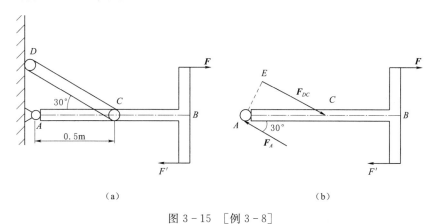

图 3 - 15 ［例 3 - 8］

解： 取杆 AB 为研究对象。由于力偶必须由力偶来平衡，支座 A 与连杆 DC 的约束反力必定组成一个力偶与力偶（F、F'）平衡。连杆 DC 为链杆，其所受的力沿杆 DC 的轴线，固定铰支座 A 的反力 F_A 的作用线必与 F_{DC} 平行，而且 $F_A = F_{DC}$ 假设它们的方向如图 3 - 15 所示，其作用线之间的距离为

$$AE = AC\sin 30° = 0.5 \times 0.5 = 0.25(\text{m})$$

由平面力偶系的平衡条件，有：

$$\sum M = 0 \quad -M + F_A \cdot AE = 0$$

即

$$-100 + 0.25F_A = 0$$

解得

$$F_A = -\frac{100}{0.25} = 400(\text{N})$$

因而

$$F_{DC} = F_A = 400(\text{N})$$

第三节 平面一般力系向一点的简化

一、平面一般力系的基本概念

若力系中各力作用线在同一平面内，既不完全汇交，也不完全平行，称为平面一般力

系。如图 3-16（a）悬臂吊车的横梁 AB 受平面一般力系作用，其结构计算简图如图 3-16（b）所示。

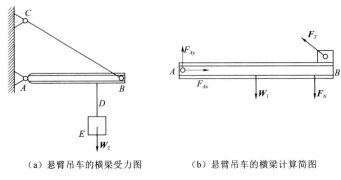

（a）悬臂吊车的横梁受力图　　　　　　（b）悬臂吊车的横梁计算简图

图 3-16　平面一般力系示意图

二、力的平移定理

对于刚体，力的大小、方向、作用点变为大小、方向、作用线，这种作用在刚体上的力沿其作用线滑移时的等效性质称为力的可传性。而力的作用线平移后，将改变力对刚体的作用效果。如图 3-17 所示，当力作用线过轮心 O 时，轮不转动；当把力平移，而作用线不过轮心时，轮则转动。

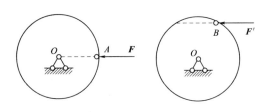

（a）力的作用线平移之前　　（b）力的作用线平移之后

图 3-17　力的作用线平移会改变力
对刚体的作用效果

由此可知，力的作用线平移后，必须附加一定条件，才能使原力对刚体的作用效果不变，力的平移定理指明了这一条件。作用于刚体上的力可向刚体上任一点平移，平移后需附加一力偶，此力偶的力偶矩等于原力对平移点之矩，这就是力的平移定理。这一定理可用图 3-18 表示。

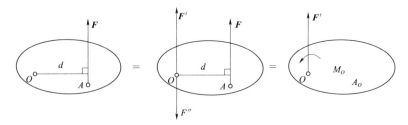

图 3-18　力的平移定理示意图

应用力的平移定理时必须注意：

（1）力线平移时所附加的力偶矩的大小、转向与平移点的位置有关。

（2）力的平移定理只适用于刚体，对变形体不适用，并且力的作用线只能在同一刚体内平移，不能平移到另一刚体。

（3）力的平移定理的逆定理也成立。

力的平移可以解释许多生活和工程中的现象。例如，打乒乓球时，搓球可以使乒乓球旋转；用螺纹锥攻螺纹时，单手操作容易攻偏或断锥等。

三、平面一般力系向平面内一点的简化

在不改变刚体作用效果的前提下，用简单力系代替复杂力系的过程，称为力系的简化。

设刚体上作用着平面一般力系 F_1，F_2，$\cdots$，F_n，如图 3-19（a）所示。在力系所在平面内任选一点 O 为简化中心，并根据力的平移定理将力系中各力平移到 O 点，同时附加相应的力偶。于是原力系等效地简化为两个力系：作用于 O 点的平面汇交力系，F_1'，F_2'，$\cdots$，F_n' 和力偶矩分别为 M_1，M_2，$\cdots$，M_n 附加平面力偶系，如图 3-19（b）所示。其中，$F_1'=F_1$，$F_2'=F_2$，$\cdots$，$F_n'=F_n$；$M_1=M_O(F_1)$，$M_2=M_O(F_2)$，$\cdots$，$M_n=M_O(F_n)$。分别将这两个力系合成，如图 3-19（c）所示。将平面汇交系 F_1'，F_2'，$\cdots$，F_n' 合成为一个力，该力称为原力系的主矢量，记作 F_R。即

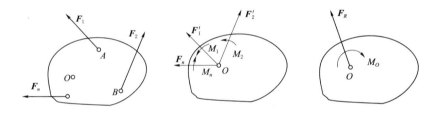

（a）刚体原受力图　　（b）力系简化后的刚体受力图　（c）力系合成后的刚体受力图

图 3-19　力系的简化示意图

$$F_R = F_1' + F_2' + \cdots + F_n' = \sum F' = \sum F$$

其作用点在简化中心 O，大小、方向可用解析法计算：

$$\begin{cases} F_{Rx}' = F_{1x} + F_{2x} + \cdots + F_{nx} = \sum F_x \\ F_{Ry}' = F_{1y} + F_{2y} + \cdots + F_{ny} = \sum F_y \end{cases} \quad (3-10)$$

$$\begin{cases} F_R = \sqrt{F_{Rx}'^2 + F_{Ry}'^2} = \sqrt{(\sum F_x)^2 + (\sum F_y)^2} \\ \tan\alpha = \left| \dfrac{F_{Ry}'}{F_{Rx}'} \right| = \left| \dfrac{\sum F_y}{\sum F_x} \right| \end{cases} \quad (3-11)$$

式中　α——F_R 与 x 轴所夹的锐角。

F_R 的指向可由 $\sum F_x$、$\sum F_y$ 的正负确定。显然，其大小与简化中心的位置无关。对于附加力偶系，可以合成为一个力偶，其力偶的矩称为原力系的主矩，记作 M_O'。即

$$M_O' = M_1 + M_2 + \cdots + M_n = M_O(F_1) + M_O(F_2) + \cdots + M_O(F_n) = \sum M_O(F_i)$$

$$(3-12)$$

显然，其大小与简化中心的位置有关。

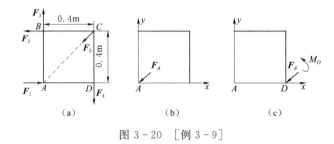

图 3 - 20　[例 3 - 9]

【**例 3 - 9**】　如图 3 - 20 所示，物体受 F_1、F_2、F_3、F_4、F_5 五个力的作用，已知各力的大小均为 10N，试将该力系分别向 A 点和 D 点简化。

解： 建立直角坐标系 Axy，如图 3 - 20（b）、（c）所示。

（1）向 A 点简化，由式（2 - 9）得

$$F'_{Ax} = \sum F_x = F_1 - F_2 - F_5 \cos 45°$$

$$= 10 - 10 - 10 \times \frac{\sqrt{2}}{2} = -5\sqrt{2} (\text{N})$$

$$F'_{Ay} = \sum F_y = F_3 - F_4 - F_5 \sin 45°$$

$$= 10 - 10 - 10 \times \frac{\sqrt{2}}{2} = -5\sqrt{2} (\text{N})$$

$$F'_A = \sqrt{F_{Ax}^2 + F_{Ay}^2}$$

$$M'_A = \sum M_A(F) = 0.4 F_2 - 0.4 F_4 = 0$$

向 A 点简化的结果，如图 3 - 20（b）所示。

（2）向 D 点简化，由式（2 - 9）得

$$F'_{DX} = \sum F_x = F_1 - F_2 - F_5 \cos 45°$$

$$= 10 - 10 - 10 \times \frac{\sqrt{2}}{2} = -5\sqrt{2} (\text{N})$$

$$F'_{Dy} = \sum F_y = F_3 - F_4 - F_5 \sin 45°$$

$$= 10 - 10 - 10 \times \frac{\sqrt{2}}{2} = -5\sqrt{2} (\text{N})$$

$$F'_A = \sqrt{F_{Dx}^2 + F_{Dy}^2}$$

$$= \sqrt{(-5\sqrt{2})^2 + (-5\sqrt{2})^2} = 10 (\text{N})$$

$$M'_D = \sum M_A(F)$$

$$= 0.4 F_2 - 0.4 F_3 - 0.4 F_5 \sin 45°$$

$$= 0.4 \times 10 - 0.4 \times 10 + 0.4 \times 10 \times \frac{\sqrt{2}}{2}$$

$$= 2\sqrt{2} (\text{N} \cdot \text{m})$$

向 D 点简化的结果，如图 3 - 20（c）所示。

此题以实例说明主矢的大小与简化中心的位置无关，而主矩则与简化中心的选取有关。

第四节　平面任意力系的平衡条件和平衡方程

平面一般力系简化后，若主矢量 F'_R 为零，则刚体无移动效应；若主矩 M'_O 为零，则刚体无转动效应。若二者均为零，则刚体既无移动效应也无转动效应，即刚体保持平衡；反之，若刚体平衡，主矢、主矩必同时为零。所以平面一般力系平衡的必要和充分条件是力系的主矢和主矩同时为零。即

$$F'_R = 0 \quad M'_O = 0$$

由平面一般力系平衡的必要和充分条件：$F'_R = 0$、$M'_O = 0$，并用式（3-10）、式（3-12）可得

$$\begin{cases} \sum F_x = F_{1x} + F_{2x} + \cdots + F_{nx} = 0 \\ \sum F_y = F_{1y} + F_{2y} + \cdots + F_{ny} = 0 \\ \sum M_O(F_i) = -M_O(F_1) + M_O(F_2) + \cdots + M_O(F_n) = 0 \end{cases} \quad (3-13)$$

式（3-13）是由平衡条件导出的平面一般力系平衡方程的一般形式。前两方程为投影方程或投影式，后一方程为力矩方程或力矩式。该式可表述为平面一般力系平衡的必要与充分条件：力系中各力在任意互相垂直的坐标轴上的投影的代数和，以及力系中各力对任一点的力矩的代数和均为零。因平面一般力系有三个相互对立的平衡方程，故能求解出三个未知量。平面一般力系平衡方程还有两种常用形式，即二矩式：

$$\begin{cases} \sum F_x = 0 \\ \sum M_A(F_i) = 0 \\ \sum M_B(F_i) = 0 \end{cases} \quad (3-14)$$

应用二矩式的条件是 A、B、C 连线不垂直于投影轴。

三矩式：

$$\begin{cases} \sum M_A(F) = 0 \\ \sum M_B(F) = 0 \\ \sum M_C(F) = 0 \end{cases} \quad (3-15)$$

物体在平面一般力系作用下平衡，可利用平衡方程根据已知量求出未知量。其步骤如下：

（1）确定研究对象。应选取同时有已知力和未知力作用的物体为研究对象，画出隔离体的受力图。

（2）选取坐标轴和矩心，列出平衡方程求解。由与力矩的特点可知，如有两个未知力互相平行，可选垂直两力的直线为坐标轴；如有两个未知力相交，可选两个未知力的交点为矩心。这样可使方程很简单。

【例3-10】　悬臂吊车如图3-21（a）所示。横梁 AB 长 $l = 2.5\text{m}$，自重 $W_1 = 1.2\text{kN}$ 拉杆 BC 倾斜角 $\alpha = 30°$，自重不计。电葫芦连同重物共重 $W_2 = 7.5\text{kN}$。当电葫芦如图3-21（a）所示位置 $a = 20\text{m}$，匀速吊起重物时，求拉杆的拉力和支座 A 的约束反力。

解：（1）取横梁 AB 为研究对象画其受力图，如图3-21（b）所示。

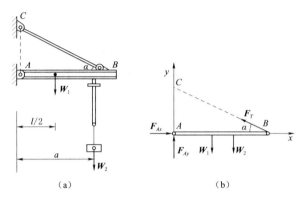

图 3-21　［例 3-10］

（2）建立直角坐标系 Axy，如图 3-21（b）所示，列平衡方程求解：

$$\sum F_x=0 \quad F_{Ax}-F_T\cos\alpha=0 \qquad （例 3-10-1）$$

$$\sum F_y=0 \quad F_{Ay}-W_1-W_2+F_T\sin\alpha=0 \qquad （例 3-10-2）$$

$$\sum M_A(F)=0 \quad F_T\sin\alpha\cdot l-W_1\frac{l}{2}-W_2\cdot a=0 \qquad （例 3-10-3）$$

由式（例 3-10-3）解得

$$F_T=\frac{1}{l\sin\alpha}\left(W_1\frac{l}{2}+W_2 a\right)=\frac{1}{2.5\sin30°}(1.2\times1.25+7.5\times2)=13.2(kN)$$

将 F_T 值代入式（例 3-10-1）得

$$F_{Ax}F_T\cos\alpha=13.2\times\frac{\sqrt{3}}{2}=11.4(kN)$$

将 F_T 值代入式（例 3-10-2）得

$$F_{Ay}=W_1+W_2-F_T\sin\alpha=2.1(kN)$$

本题也可用二力矩式求解。即

$$\sum F_x=0 \quad F_{Ax}-F_T\cos\alpha=0 \qquad （例 3-10-4）$$

$$\sum M_A(F)=0 \quad F_T\sin\alpha\cdot l-W_1-W_1\frac{l}{2}-W_2\cdot a=0 \qquad （例 3-10-5）$$

$$\sum M_B(F)=0 \quad W_1\frac{l}{2}-F_{Ay}\cdot l+W_2(l-a)=0 \qquad （例 3-10-6）$$

解式（例 3-10-5）得 $\quad F_T=13.2kN$

解式（例 3-10-6）得 $\quad F_{Ay}=2.1kN$

解式（例 3-10-4）得 $\quad F_{Ax}=11.4kN$

【例 3-11】 已知各杆均铰接，如图 3-22（a）所示，B 端插入地内，$P=1000N$，$AE=BE=CE=DE=1m$，杆重不计。求 AC 杆内力？B 点的反力？

解：（1）选整体为研究对象画其受力图，如图 3-22（a）所示。

（2）选坐标、取矩点、如图 3-22（b）所示，列平衡方程为

$$\sum X=0 \quad X_B=0$$

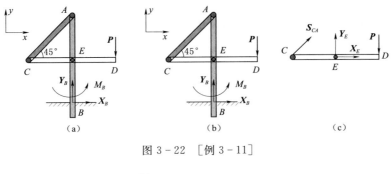

图 3-22 ［例 3-11］

$$\sum Y = 0 \quad Y_B - P = 0$$

$$\sum M_B = 0 \quad M_B - P \times DE = 0$$

得

$$M_B = 1000 \times 1 = 1000(\text{N} \cdot \text{m})$$

（3）再研究 CD 杆画其受力图，如图 3-22（c）所示。

取 E 为矩心，列方程

$$\sum M_E = 0 - S_{CA} \cdot \sin 45° \cdot CE - P \cdot ED = 0$$

得

$$S_{CA} = \frac{-P \cdot ED}{\sin 45° \cdot CE} = -1414(\text{N})$$

本 章 小 结

1. 基本概念

力矩：力的大小 F 与力的作用线到转动中心 O 的垂直距离 d 的乘积，称为力 F 对 O 点之矩，简称力矩。

力偶矩：力偶中力的大小和力偶臂的乘积，称为力偶矩。

2. 力的投影和力矩的计算

（1）力的投影计算。

定义式

$$\begin{cases} F_x = \pm F\cos\alpha \\ F_y = \pm F\sin\alpha \end{cases} \quad (\alpha \text{ 为 } F \text{ 与 } x \text{ 轴所夹的锐角})$$

合力投影定理

$$\begin{cases} F'_{Rx} = F_{1x} + F_{2x} + \cdots + F_{nx} = \sum F_x \\ F'_{Ry} = F_{1y} + F_{2y} + \cdots + F_{ny} = \sum F_y \end{cases}$$

（2）力矩的计算。

定义式 $\quad M_O(F) = \pm Fd(\boldsymbol{F}) \quad (d \text{ 为力臂})$

合力矩定理 $\quad M_O(F_R) = M_O(F_1) + M_O(F_2) + \cdots + M_O(F_n) = \sum M_O(F)$

3. 平面力系的平衡条件及平衡方程

（1）平面汇交力系

平衡的充要条件 $\qquad$ 合力 $F_R = 0$

平衡方程 $\qquad \begin{cases} \sum F_x = 0 \\ \sum F_y = 0 \end{cases}$

（2）平面力偶系

平衡的充要条件   合力偶矩 $M_合 = 0$

平衡方程 $\sum M = 0$

（3）平面一般力系

平衡的充要条件   主矢 $F'_R = 0$ 主矩 $M_O = 0$

平衡方程

一般形式
$$\begin{cases} \sum F_x = 0 \\ \sum F_y = 0 \\ \sum M_O(F) = 0 \end{cases}$$

二矩式
$$\begin{cases} \sum F_x = 0 \\ \sum M_A(F) = 0 \quad （A、B \text{ 连线不垂直于 } x \text{ 轴}） \\ \sum M_B(F) = 0 \end{cases}$$

三矩式
$$\begin{cases} \sum M_A(F) = 0 \\ \sum M_B(F) = 0 \quad （A、B、C \text{ 三点不在同一直线上}） \\ \sum M_C(F) = 0 \end{cases}$$

4. 基本能力

（1）画受力图。

正确选取研究对象。解除约束，画出研究对象的分离体图。

按已知条件在分离体上画主动力。按约束性能在解除约束处画出约束反力。作用力与反作用力必须方向相反。

（2）平衡方程的应用。

正确选取研究对象，画出分离体受力图。选取坐标轴与矩心，如有两个未知力平行，可选垂直于两力的直线为坐标轴；如有两个未知力相交，可选交点为矩心。列平衡方程，求解未知量。对解答进行讨论。

复 习 思 考 题

1. 分力与投影有什么不同？

2. 试判断下列情况下 F_x 和 F_y 的正负：

（1） F 从左下方指向右上方。

（2） F 从左上方指向右下方。

（3） F 从右下方指向左上方。

（4） F 从右上方指向左下方。

3. 如果平面汇交力系的各力在任意两个互不平行的坐标轴上投影的代数和等于零，该力系是否平衡？

4. 试比较力矩和力偶矩的异同点。

5. 组成力偶的两个力在任一轴上的投影之和为什么必等于零？

6. 怎样的力偶才是等效力偶？等效力偶是否两个力偶的力和力臂都应该分别相等？

7."因为力偶在任意轴上的投影恒等于零,所以力偶的合力为零"这种说法对吗?为什么?

8.试分析力与力偶的区别与联系。

9.平面一般力系向简化中心简化时,可能产生几种结果?

10.为什么说平面汇交力系、平面平行力系已包括在平面一般力系中?

11.对于原力系的最后简化结果为一力偶的情形,主矩与简化中心的位置无关,为什么?

12.平面一般力系的平衡方程有几种形式?应用时有什么限制条件?

习　　题

3-1 已知 $F_1=200\text{N}$, $F_2=150\text{N}$, $F_3=200\text{N}$, $F_4=250\text{N}$, $F_5=200\text{N}$,各力的方向如题 3-1 图所示。试求各力在 x 轴、y 轴上的投影。

3-2 已知 $F_1=10\text{N}$, $F_2=6\text{N}$, $F_3=8\text{N}$, $F_4=12\text{N}$,各力的方向如题 3-2 图所示。试求合力。

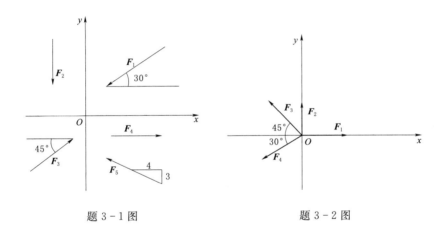

题 3-1 图　　　　　　　　　　题 3-2 图

3-3 支架由杆 AB、AC 构成,A、B、C 处都是铰接。在 A 点有铅垂力 W。求题 3-3 图所示三种情况下 AB、AC 杆所受的力。

3-4 物体重 $W=20\text{kN}$,利用绞车和绕过固定滑轮的绳索匀速吊起。如题 3-4 图所示,滑轮由杆 AB 和 AC 支持,A、B、C 均为铰接,不计滑轮尺寸及摩擦和杆 AB、AC 的自重。求杆 AB、AC 所受的力。

3-5 如题 3-5 图所示,试求各力对 O 点之矩。

3-6 如题 3-6 图所示,试求 W、F 对点 A 之矩。

3-7 如题 3-7 图所示,F、M 为已知。求杆件的约束反力。

3-8 如题 3-8 图所示,F、q 为已知。求杆件的约束力。

3-9 某厂房柱高 9m,受力如题 3-9 图所示。$F_1=20\text{N}$, $F_2=50\text{N}$, $q=4\text{kN/m}$, $W=5\text{kN}$, F_1、F_2 至柱轴线的距离分别为 e_1、e_2, $e_1=0.15\text{m}$, $e_2=0.25\text{m}$。试求固定端 A 处的约束反力。

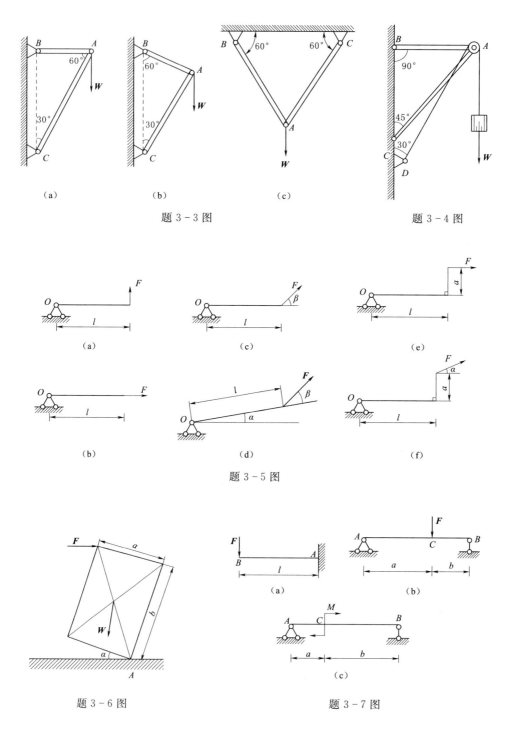

（a）　　　　　　（b）　　　　　　（c）

题 3 - 3 图　　　　　　　　　　题 3 - 4 图

（a）　　　　　　（c）　　　　　　（e）

（b）　　　　　　（d）　　　　　　（f）

题 3 - 5 图

（a）　　　　　　（b）

（c）

题 3 - 6 图　　　　　　　　　　题 3 - 7 图

3 - 10　如题 3 - 10 图所示，龙门吊车的重量为 $W_1 = 100\text{kN}$，跑车和货物共重 $W_2 = 50\text{kN}$，水平风力 $F = 2\text{kN}$。求 A、B 两轨道的约束力。

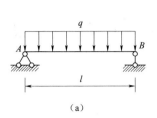

（a）

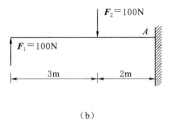

（b）

题 3－8 图

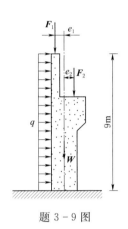

题 3－9 图

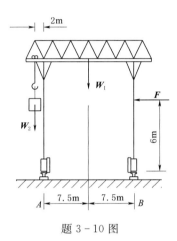

题 3－10 图

第四章 轴向拉伸与压缩

【能力目标、知识目标】

通过本章的学习，培养学生正确进行杆件的轴向拉伸（压缩）的内力计算和内力图的绘制以及静定结构的内力计算。为学生熟练应用建筑力学知识进行结构荷载效应的计算奠定基础。

【学习要求】

（1）掌握构件轴向拉伸（压缩）变形时的内力计算及内力图的作法。

（2）熟悉材料在轴向拉伸与压缩时的力学性能。

（3）掌握轴向拉压杆的强度计算。

第一节 内力、截面法、应力

一、内力

材料力学研究的对象都是构件，构件总是要受到其他物体对构件产生的作用力，其他构件（及其他物体）作用于该构件上的力均为外力，外力可根据静力学方程求出。而构件在外力作用下，将发生变形，与此同时，构件内部各部分间将产生相互作用力，此相互作用力就称为内力。从上面的定义，可以看出，材料力学所研究的内力跟静力学中和物理学中基本粒子之间的内力含义是不一样的，它是由外力发生变形而引起的，内力是随着外力的变化而变化的，即外力增大，内力也随着增大，如果把外力去掉，那么内力也将随着消失。也就是说，内力只与外力有关。

二、截面法

内力是物体内相邻部分之间的相互作用力，虽然内力是随着外力的增大而增大，但是都有一个限制，当增加到一定的程度的时候，构件可能发生破坏，是与构件的强度、刚度和稳定性有密切的关系，所以内力是材料力学研究的重要内容。计算内力的基本方法是截面法。

一个变形固体受到一力系作用，要求它任意截面的内力。首先，用一假想的截面将物体截开，则将原构件分成两部分（也叫隔离体），取其中任一部分为研究对象，去掉另一部分，然后画出受力图。注意画受力图时，除了原有的外力必须画上，还得画上去掉的那部分物体对其的作用力，这个作用力就是前面所提到的内力（X，Y，M_Y），当变形固体处于平衡状态时，从变形固体上截取的任一部分也必定静力平衡的，即用静力学平衡方程可以求出假想截面上的内力。

由于先要用假想的截面截开来求内力，所以把这种方法称截面法。用截面法求内力可归纳为如下三个字：

（1）截：求某一截面的内力，就用一个假想的截面将构件截开。

（2）代：取其中的一部分为研究对象，弃掉的那部分对其的作用用内力来代替。

（3）平：列静力平衡方程，求出截面上的内力。

截面法是材料力学中求内力的最基本的方法，是已知杆件外力求内力的普遍方法。

三、应力

因为对一定尺寸的构件来说，从强度角度看，内力越大越危险，内力达到一定强度时就会破坏。但是，在确定了构件的内力后，还不能判断构件是否因强度不足而破坏，因为用截面法确定的内力，是截面上分布内力系的合成结果，它没有表明该力系的分布规律。特别是对一个截面尺寸不同的构件来说，其危险程度更难用内力的数值进行比较。如图 4-1 所示的

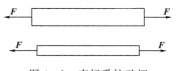

图 4-1　直杆受拉破坏

两个材料相同而截面面积不同的受拉杆，在相同拉力 F 作用下，二杆横截面上的内力相同，但是二杆的危险程度不同，显然细杆比粗杆更容易拉断。

因此，要判断构件是否因强度不足而破坏，还必须知道截面上内力大小的分布规律，找出截面哪个点处最危险。这样就需进一步研究内力在截面上各点处的分布情况，就引进了应力的概念来描述截面上分布内力的集度。在国际单位制（SI）中，力与面积的单位分别为 N 与 m^2，则应力的单位为 Pa，$1Pa=1N/m^2$。由于 Pa 的单位很小，通常用 MPa，$1MPa=1N/mm^2=10^6Pa$。

如图 4-2 所示的受力体代表任一受力构件，用横截面 m—m 将受力体截开，然后只研究此横截面上的 K 点附近的内力。围绕一点 K 取微小面积 ΔA，并设 ΔA 上分布内力的合力为 ΔR。ΔR 的大小和方向与所取 K 点的位置和面积 ΔA 有关。将 ΔR 与 ΔA 的比值称为微小面积 ΔA 上的平均应力，用 p_m 表示，即

$$p_m=\frac{\Delta R}{\Delta A} \qquad (4-1)$$

p_m 代表了 ΔA 上应力分布的平均集中程度，将 ΔR 沿截面的法向和切向分解，得法向和切向应力分量 ΔN、ΔQ，得到平均正应力 σ_m 和平均切应力 τ_m，即

$$\sigma_m=\frac{\Delta N}{\Delta A} \qquad (4-2)$$

$$\sigma_m=\frac{\Delta Q}{\Delta A} \qquad (4-3)$$

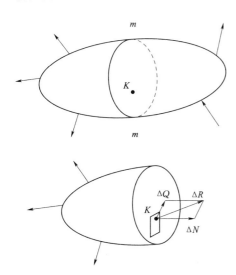

图 4-2　应力的概念

为了更精确地描述应力的分布情况，应使 $\Delta A \rightarrow 0$，由此得到平均应力的极限值 p，也叫作

K 点的总应力值，即

$$p = \lim_{\Delta A \to 0} \frac{\Delta R}{\Delta A} \tag{4-4}$$

同理可得到平均正应力和平均切应力的极限值 σ、τ，又称为 K 点的正应力和切应力，即

$$\sigma = \lim_{\Delta A \to 0} \frac{\Delta N}{\Delta A} \tag{4-5}$$

$$\tau = \lim_{\Delta A \to 0} \frac{\Delta Q}{\Delta A} \tag{4-6}$$

第二节　轴向拉压杆的内力

一、轴向拉伸与压缩的概念

轴向拉伸或压缩变形是受力杆件中最简单的变形，如液压传动机构中的活塞杆、桁架结构中的杆件、起吊重物时的钢丝绳等。这些受拉或受压的杆件虽外形各有差异、加载方式也并不相同，但它们的共同特点如下：作用于杆件各横截面上外力合力的作用线与杆件轴线重合，杆件变形是沿轴线方向的伸长或缩短。当杆件受力如图 4-3（a）所示时，杆件将产生沿轴向伸长的变形，这种变形称为轴向拉伸，这种杆件称为轴向拉杆，简称拉杆；当杆件受力如图 4-3（b）所示时，杆件将产生沿轴向缩短的变形，这种变形称为轴向压缩，这种杆件称为轴向压杆，简称压杆；当杆件受力如图 4-3（c）所示时，杆件上一些杆段产生伸长变形，另一些杆段产生缩短变形，这种变形称为轴向拉伸与压缩，这种杆件称为轴向拉压杆。

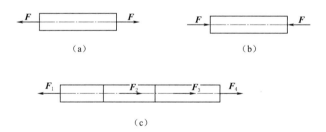

图 4-3　轴向拉伸与压缩示意图

二、轴向拉压杆横截面上的内力

确定杆件内力最基本、最简便的方法是截面法。

以图 4-4（a）所示的拉杆为例，运用截面法求杆件横截面 m—m 上内力的步骤为：

（1）用一假想平面在 m—m 处将杆件切开，杆件被分为左右两段。

（2）任取其中一段为研究对象，并画出其受力图，如图 4-4（b）、（c）所示。杆件左、右两段在横截面 m—m 上相互作用的内力是一个分布力系，其合力用 N 表示。

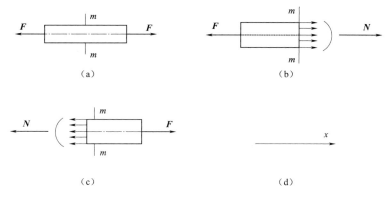

图 4-4　截面法示意图

（3）左段杆（或右段杆）在外力和内力共同作用下处于平衡状态。建立坐标轴 x，如图 3-4（d）所示，列平衡方程 $\sum X = 0$ 得

$$N = F$$

因为外力 F 的作用线与杆件轴线重合，所以横截面上内力的合力 N 的作用线与杆件的轴线重合，力学中把与杆件轴线重合的内力称为轴力，用 N 表示，其单位为牛顿或千牛顿。通常规定：拉力取正号，压力取负号。

三、轴力图

轴力图是反映杆件上各横截面轴力随横截面位置变化规律的图形。

轴力图的画法是：用平行于杆件轴线的坐标轴表示杆件横截面的位置，以垂直于杆件轴线的坐标轴表示相应横截面上的轴力大小。对于水平杆，拉力画在上侧，压力画在下侧；对于竖直杆，可任意安排，但同一根杆上的拉力和压力必须分居在杆的两侧。图形线条画完后必须对图形进行标注：标图名、标控制值、标正负号、标单位。下面通过例题来说明轴力的计算过程和轴力图的绘制方法。

【例 4-1】　杆件受力如图 4-5（a）所示。试求杆内的轴力并作出轴力图。

解：（1）为了计算方便，首先求出支座反力 R 如图 4-5（b）所示，整个杆的平衡方程如下：

$$\sum F_x = 0$$
$$-R + 60 - 20 - 40 + 25 = 0$$
$$R = 25\text{kN}$$

（2）求各段杆的轴力。求 AB 段的轴力：用 1—1 截面将杆件在 AB 段内截开，取左段为研究对象，如图 4-5（c）所示，以 N_1 表示截面上的轴力，并假设为拉力，由平衡方程

$$\sum F_x = 0$$
$$-R + N_1 = 0$$
$$N_1 = R = 25\text{kN}$$

得正号，表示 AB 段的轴力为拉力。

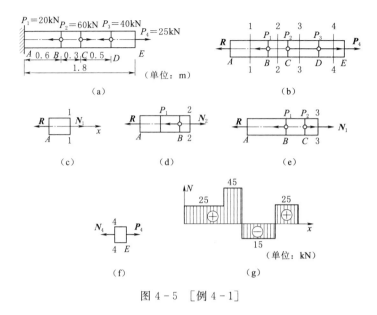

图 4 - 5 ［例 4 - 1］

求 BC 段的轴力：用 2—2 截面将杆件截断，取左段为研究对象如图 4-5（d）所示，由平衡方程

$$\sum F_x = 0$$
$$-R + N_2 - 20 = 0$$
$$N_2 = 20 + R = 45(\text{kN})$$

得正号，表示 BC 段的轴力为拉力。

求 CD 段的轴力：用 3—3 截面将杆件截断，取左段为研究对象如图 4-5（e）所示，由平衡方程

$$\sum F_x = 0$$
$$-R - 20 + 60 + N_3 = 0$$
$$N_3 = -15\text{kN}$$

得负号，表示 CD 段的轴力为压力。

求 DE 段的轴力：用 4—4 截面将杆件截断，取右段为研究对象如图 4-5（f）所示，由平衡方程

$$\sum F_x = 0$$
$$25 - N_4 = 0$$
$$N_4 = 25\text{kN}$$

得正号，表示 DE 段的轴力为拉力。

（3）画轴力图。以平行于杆轴的 x 轴为横坐标，垂直于杆轴的坐标轴为 N 轴，按一定比例将各段轴力标在坐标轴上，可作为轴力图如图 4-5（g）所示。

必须指出：在采用截面法之前，是不能随意使用力的可传性和力偶的可移性原理的。这是因为将外力移动后就改变了杆件的变形性质，并使内力也随之改变。

第三节　轴向拉压杆横截面上的应力

要计算轴向拉压杆横截面上的应力，必须了解轴力在横截面上的分布情况。杆件在受到外力作用后引起内力的同时，必然发生变形，由于内力和变形之间总是相互关联的，因此，可以通过观察杆件变形的方法来揭示内力的分布规律，进而确定应力的计算公式。

取一等截面直杆（长方体），加载前，在杆件表面等间距地画上与杆轴平行的纵向线以及与杆轴垂直的横向线，如图4-6（a）所示；然后在杆件两端施加轴向外力——一对拉力，我们看到：在施加外力之后，各纵向线、横向线仍为直线，并分别平行和垂直于杆轴，只是横向线间的距离增加了，纵向线间的距离减少了，杆件中间部位的原纵横线形成的正方形网格均变成了大小相同的长方形网格，如图4-6（b）所示。

上述实验告诉我们：杆件在轴向拉伸（或压缩）时，除两端外力作用点附近外，杆件上绝大部分的变形是均匀的。根据上述实验结果，可对轴向拉（压）杆内部的变形作如下假定：杆件受轴向拉伸或压缩时，变形前为平面的横截面，变形后仍保持为平面，并且垂直与杆轴，只是各横截面沿杆件轴线作了相对平移。此假设通常称为平面假设。

如果将杆件设想成由无数根平行于杆轴的纵向纤维所组成，则由于平面假设可知，所有纤维在任意两横截面之间的变形都一样，而且只有线应变没有角应变。在变形固体的基本假定中已经假定材料是均匀的，现在各纵向纤维变形相同，意味着它们受力也相同，由此可见，轴向拉压杆横截面上各点处的应力相等，其方向均垂直于横截面，如图4-6（c）所示，也就是说：轴向拉压杆横截面上只有正应力，且均匀分布，表示为

$$\sigma = \frac{N}{A} \qquad (4-7)$$

式中　N——杆件横截面上的轴力；

　　　A——杆件横截面的面积。

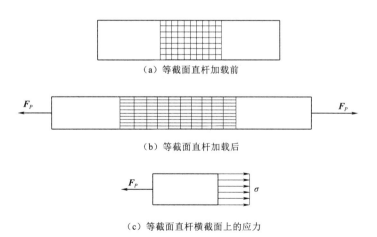

（a）等截面直杆加载前

（b）等截面直杆加载后

（c）等截面直杆横截面上的应力

图4-6　轴向受拉杆横截面上的应力示意图

正应力分为两种，即拉应力和压应力，其正负号随轴力的正负号而定，即与拉力对应

43

的是拉应力，取正号；与压力对应的是压应力，取负号。

【例 4-2】　如图 4-7（a）所示为一变截面圆钢杆 $ABCD$ 称为阶梯杆。已知 $F_1=$ 20kN，$F_2=35$kN，$F_3=35$kN，求杆各横截面的轴力。已知圆钢杆的直径分别为 $d_1=$ 12mm，$d_2=16$mm，$d_3=24$mm，试求各段横截面上由荷载引起的正应力。

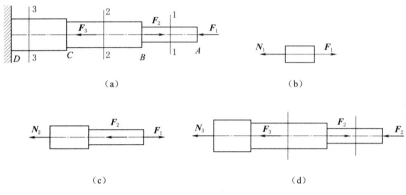

图 4-7　[例 4-2]

解：（1）求内力（过程略）。利用截面法求得 1—1、2—2、3—3 各横截面上的轴力为

$$N_1=20\text{kN}\quad（拉力）$$

$$N_2=-15\text{kN}\quad（压力）$$

$$N_3=-50\text{kN}\quad（压力）$$

（2）求应力。由式（4-7）可知，分别计算出 1—1、2—2、3—3 各横截面上的应力：

AB 段：
$$\sigma_1=\frac{N_1}{A_1}=\frac{4\times20\times10^3}{\pi\times12^2}=176.84(\text{MPa})（拉应力）$$

BC 段：
$$\sigma_2=\frac{N_2}{A_2}=\frac{4\times(-15)\times10^3}{\pi\times16^2}=-74.60(\text{MPa})（压应力）$$

CD 段：
$$\sigma_3=\frac{N_3}{A_3}=\frac{4\times(-50)\times10^3}{\pi\times24^2}=-110.52(\text{MPa})（压应力）$$

第四节　轴向拉压杆的变形

直杆在轴向拉力作用下，将引起轴向尺寸的增大和横向尺寸的减小，如图 4-8（a）所示；反之，直杆在轴向压力作用下，将引起轴向尺寸的减小和横向尺寸的增大，如图 4-8（b）所示。轴线方向的变形称为纵向变形，横向方向的变形称为横向变形。本节只讨论纵向变形。

设杆件原长为 l，杆件发生变形后的杆长为 l_1，杆件长度的改变量为

$$\Delta l=l_1-l \qquad\qquad (4-8)$$

Δl 称为杆件的纵向变形。轴向拉伸时杆件伸长 Δl 取正号，轴向压缩时杆件缩短 Δl 取负号。

由常识可知：对于相同材料制成的轴向拉压杆，在杆长 l 和横截面面积 A 一定时，

杆的轴力 N（或轴向外力 F_P）越大，则杆的纵向
变形 Δl 就越大；在轴力 N 和横截面面积 A 一定
时，杆长 l 越长，则 Δl 越大；在轴力 N 和杆长 l
一定时，杆越粗（即横截面面积 A 越大），则 Δl
越小。当然，在 N、A 和 l 一定时，杆的材料不
同，Δl 也将不一样。

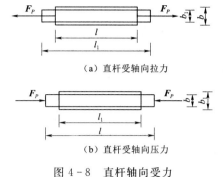

（a）直杆受轴向拉力

（b）直杆受轴向压力

图 4-8 直杆轴向受力

实验表明：在材料的比例极限范围内，杆件的
纵向变形 Δl 与轴力 N、杆长 l 成正比，而与杆的
横截面面积 A 成反比，即

$$\Delta l \propto \frac{Nl}{A} \tag{4-9}$$

引进一个比例常数 E，则有

$$\Delta l = \frac{Nl}{EA} \tag{4-10}$$

这一结论称为胡克定律，式（4-10）是轴向拉压杆的纵向变形计算公式，比例常数
E 称为材料的拉压弹性模量，其值随材料而异并由实验测定，其单位与应力的单位相同，
一些常用材料的 E 值可见表 4-1。

表 4-1　　　　　　　　　　　　　常用材料的 E 值

材料名称	$E/10^5 \text{MPa}$	材料名称	$E/10^5 \text{MPa}$
低碳钢	$2.0 \sim 2.2$	混凝土	$0.15 \sim 0.36$
16 锰钢	$2.0 \sim 2.2$	木材（顺纹）	$0.10 \sim 0.12$
铸铁	$0.59 \sim 1.62$	花岗岩	0.49
铝	0.71	橡胶	0.000078
铜	$0.72 \sim 1.3$	钨	3.5

从式（4-10）中可以看出：对于长度相等、受力相等的杆件，EA 越大，纵向变形
Δl 越小；EA 越小，纵向变形 Δl 越大。EA 反映了杆件抵抗拉压变形的能力，称为抗
拉（或抗压）刚度。此外，还可以看出 Δl 与杆件的原长 l 有关，为了确切地反映材料的
变形情况，将 Δl 除以杆件的原长 l，用单位长度的变形 ε 表示：

$$\varepsilon = \frac{\Delta l}{l} \tag{4-11}$$

ε 称为纵向线应变（或纵向相对变形），是个无单位的量。拉伸时 Δl 为正值，ε 也为
正值，称为拉应变；压缩时 Δl 为负值，ε 也为负值，称为压应变。

将 $\varepsilon = \dfrac{\Delta l}{l}$ 和 $\sigma = \dfrac{N}{A}$ 代入式（4-10）得到胡克定律的另一表达式：

$$\varepsilon = \frac{\sigma}{E}$$

或

$$\sigma = E\varepsilon \tag{4-12}$$

式（4－12）表明：在材料的比例极限范围内，正应力与纵向线应变成正比。

【**例 4 - 3**】　一变截面钢杆如图 4 - 9（a）所示，已知材料的拉压弹性模量 $E =$ 200GPa，AB 段杆的横截面面积为 $A_1 = 200\text{mm}^2$，BC 段杆的横截面面积为 $A_2 = 400\text{mm}^2$，CD 段杆的横截面面积为 $A_3 = 400\text{mm}^2$，杆的受力情况及各段杆长（mm）如图 4 - 9 所示。试求：

（1）杆件横截面上的应力。

（2）杆件的纵向总变形。

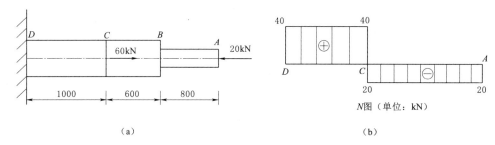

（a）　　　　　　　　　　　　　　　　（b）

图 4 - 9　〔例 4 - 3〕

解：（1）计算各段杆的轴力，画轴力图：

AB 段：$N_1 = -20\text{kN}$（压应力）

BC 段：$N_2 = -20\text{kN}$（压应力）

CD 段：$N_3 = 60 - 20 = 40(\text{kN})$（拉应力）

根据计算结果绘制出杆的轴力图，如图4 - 9（b）所示。

计算各段杆的应力：

AB 段：$\sigma_1 = \dfrac{N_1}{A_1} = \dfrac{-20 \times 10^3}{200} = -100(\text{MPa})$（压应力）

BC 段：$\sigma_2 = \dfrac{N_2}{A_2} = \dfrac{-20 \times 10^3}{400} = -50(\text{MPa})$（压应力）

CD 段：$\sigma_3 = \dfrac{N_3}{A_3} = \dfrac{40 \times 10^3}{400} = 100(\text{MPa})$（拉应力）

（2）计算杆件的纵向总变形：

$$\Delta l = \Delta l_1 + \Delta l_2 + \Delta l_3 = \frac{N_1 l_1}{EA_1} + \frac{N_2 l_2}{EA_2} + \frac{N_3 l_3}{EA_3}$$

$$= \frac{-20 \times 10^3 \times 800}{200 \times 10^3 \times 200} + \frac{-20 \times 10^3 \times 600}{200 \times 10^3 \times 400} + \frac{40 \times 10^3 \times 1000}{200 \times 10^3 \times 400}$$

$$= -0.4 - 0.15 + 0.5 = -0.05(\text{mm})$$

Δl 值为负值，说明杆件缩短了。

【**例 4 - 4**】　为了检测钢屋架在使用期间 AB 杆的应力，用仪器测得 AB 杆的线应变为 $\varepsilon = 4 \times 10^{-4}$，已知钢屋架的材料为 A_3 钢，其弹性模量 $E = 2 \times 10^5\text{MPa}$，试求 AB 杆的应力。

解：根据测得的 AB 杆应变 ε，由胡克定律可直接求得该杆的应力为

$$\sigma = E\varepsilon = 2\times10^5\times4\times10^{-4} = 80(\text{MPa})\text{（拉应力）}$$

这种用仪器测出杆件受力后的应变值，然后用胡克定律计算出杆件应力的办法，常用来对已建成的建筑物进行应力测算，从而检查这些结构的应力是否符合设计要求。

第五节　材料在轴向拉压时的力学性质

所谓材料的力学性质，主要是指材料在外力作用下表现出来的变形和破坏方面的性能指标。测定材料力学性质的实验是多种多样的，其中常温、静载条件下的材料轴向拉伸和压缩实验是最基本、最简单的一种。

对于拉伸实验，标准拉伸试件的形状和尺寸如图 4-10 所示，试件的工作段长度（称为标距）规定：圆形截面试件 $l=10d$ 或 $l=5d$，矩形截面试件 $l=11.3\sqrt{A}$ 或 $l=5.65\sqrt{A}$，其中 d 为试件标距部分的直径，A 为试件标距部分的横截面的面积。对于压缩实验，金属材料的压缩试件，一般制成很短的圆柱体，如图 4-11 所示，规定圆截面试件的高度 h 为直径 d 的 1～3 倍。

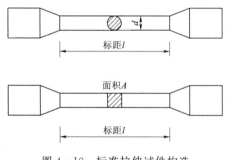 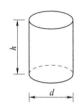

图 4-10　标准拉伸试件构造　　　　图 4-11　压缩试件构造

土木工程中使用的建筑材料是复杂多样的，力学研究中根据材料破坏时塑性变形的大小通常将材料分为两类：塑性材料和脆性材料，低碳钢是典型的塑性材料，铸铁是典型的脆性材料，因此本节将着重介绍低碳钢、铸铁的轴向拉伸和压缩实验及其力学性质。

一、低碳钢在轴向拉压时的力学性质

（一）低碳钢的拉伸实验过程及其强度指标

实验前，先量取试件的直径 d，再确定标距 l，并在试件上画线标记出标距部分。实验时，把试件安装在实验机上，启动机器后，试件承受从零开始缓慢、平稳增加的轴向拉力 F 的作用，并开始发生轴向拉伸变形。当拉力 F 增加到一定数值时试件就被拉断，实验结束。在实验过程中，拉力 F 与试件的伸长量 Δl 存在一一对应的关系，如图 4-12 所示。为了解材料本身的力学性质，通常采用以正应力 σ 为纵坐标、纵向线应变 ε 为横坐标所绘制出的 σ-ε 曲线（又称为应

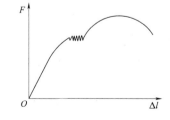

图 4-12　低碳钢的拉伸实验结果

力应变图），如图 4 - 13 所示。材料的应力应变图较好地反映了低碳钢拉伸时的力学性质，分析和总结应力应变图即可得到低碳钢拉伸时的力学性质。

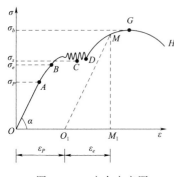

图 4 - 13 应力应变图

根据低碳钢拉伸时的应力应变图，通常把低碳钢的拉伸过程大致分为四个阶段。

（1）第一阶段（OAB 段）——弹性阶段。如图 4 - 13 所示，在弹性阶段内，开始一段 OA 段为直线段，它表明应力与应变呈线性关系，斜直线 OA 的斜率 $k = \tan\alpha$ 就是材料的弹性模量 E，此时材料服从胡克定律 $\sigma = E \cdot \varepsilon$，$A$ 点是直线段的最高点，A 点处的应力值称为材料的比例极限应力，用 σ_P 表示。超过 A 点后，应力与应变不再呈直线关系，图线变弯，但变形仍然是弹性的，本段最高点 B 点处的应力值称为材料的弹性极限应力，用

σ_e 表示。由于 A、B 两点非常接近，它们所对应的两个极限值 σ_P 与 σ_e 虽然含义不同，但数值上相差不大，因此，在工程应用中对二者不作严格区分，近似地认为材料在弹性范围内服从胡克定律。低碳钢拉伸时的比例极限约为 200MPa。

（2）第二阶段（BCD 段）——屈服阶段。该段图形为一段近似为水平线的锯齿线，它表明试件的应力仅在一很小范围内上下波动，而应变则急剧增加。这种应力基本不变、应变明显增大的现象通常称为屈服或流动，犹如材料丧失了抵抗能力，对外力屈服了一样，故此阶段称为屈服阶段。屈服阶段中最低点 C 点处的应力值称为材料的屈服极限应力，用 σ_s 表示。材料屈服时，材料几乎丧失了抵抗变形的能力，发生了较大的塑性变形，使材料不能正常工作，因此，屈服极限 σ_s 是衡量材料强度的重要指标，是强度设计的依据。低碳钢的 σ_s 约为 240MPa。

（3）第三阶段（DG 段）——强化阶段。过了屈服阶段之后，试件由于塑性变形使得内部晶格结构发生了变化，材料又恢复了抵抗变形的能力，此时，应变又随着应力的增大而增大，在图中形成了上升的上凸曲线 DG 段，这种现象称为材料的强化，这一阶段称为强化阶段。强化阶段的最高点 D 点处的应力值称为材料的强度极限应力，用 σ_b 表示。强度极限应力是试件被拉断前所能承受的最大应力值，它是衡量材料强度的又一个重要指标。低碳钢的 σ_b 约为 400MPa。

（4）第四阶段（GH 段）——颈缩阶段。当应力达到强度极限后，在试件薄弱处截面将发生急剧的收缩，试件局部变细，出现颈缩现象，如图 4 - 14 所示。由于颈缩处的横截面面积迅速减小，试件继续变

图 4 - 14 颈缩现象示意图

形所需的拉力也相应减小，用原面积 A 算出的应力 σ 也随之减小，在图中形成单调下降的上凸曲线 GH 段，至 H 点试件被拉断。

（二）低碳钢的塑性指标

试件被拉断后，弹性变形随着拉力的解除而消失，塑性变形保留下来，塑性变形的大小，常用材料的塑性指标来衡量，材料的塑性性能指标主要有两个：材料的延伸率 δ 和截面收缩率 ψ。

（1）延伸率 δ。

$$\delta = \frac{l_1 - l}{l} \times 100\% \tag{4-13}$$

式中　l——试件的标距原长；

　　　l_1——试件拉断后的标距长度。

延伸率是衡量材料塑性的一个重要指标，一般可按延伸率的大小将材料分为两类。$\delta > 5\%$ 的材料作为塑性材料，$\delta < 5\%$ 作为脆性材料。低碳钢的延伸率约为 $20\% \sim 30\%$。

（2）截面收缩率 Ψ。

$$\Psi = \frac{A - A_1}{A} \times 100\% \tag{4-14}$$

式中　A——试件标距部分的原始横截面面积；

　　　A_1——试件拉断后断口处的最小横截面面积。

低碳钢的 Ψ 值约为 60%。

二、低碳钢在轴向压缩时的力学性质

低碳钢压缩时的 σ-ε 曲线如图 4-15（a）所示，图中虚线为低碳钢拉伸时的 σ-ε 曲线，两者比较可知：在屈服阶段以前，压缩曲线与拉伸曲线基本重合，在进入强化阶段之后，两条曲线逐渐分离，压缩时的 σ-ε 曲线一直线在上升。这说明低碳钢压缩时的弹性模量 E、比例极限应力 σ_P、弹性极限应力 σ_e 及屈服极限应力 σ_s 都与拉伸时相同。压缩曲线一直上升的原因是：随着压力的不断增大，试件越压越扁，横截面面积不断增大，如图 4-15（b）所示，因而抗压能力也在不断提高，试件只压扁而不破坏，故无法测出其压缩时的强度极限。

三、铸铁在轴向拉伸时的力学性质

铸铁拉伸时的 σ-ε 曲线是一段微弯曲线，如图 4-16 所示，图中没有明显的直线部分，铸铁在较小的拉应力下就被拉断，没有屈服和颈缩现象，拉断前的应变很小，延伸率也很小。试件拉断时的应力就是材料的强度极限 σ_b，是衡量脆性材料强度的唯一指标。

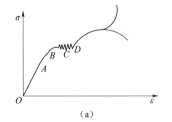 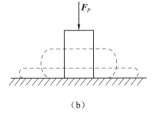 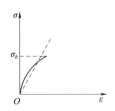

图 4-15　低碳钢压缩时的 σ-ε 曲线　　　　图 4-16　铸铁拉伸时的 σ-ε 曲线

四、铸铁在轴向压缩时的力学性质

铸铁在压缩时的 σ-ε 曲线与铸铁拉伸时的 σ-ε 曲线相似，也是一段微弯曲线，如图

4-17（a）所示，图中没有明显的直线部分，铸铁在压缩过程中也没有屈服和颈缩现象，强度极限是铸铁压缩时唯一的强度指标。试件在压缩变形很小的情况下，沿与轴线大约成 45°角的斜截面产生裂纹，继而破坏，如图 4-17（b）所示。铸铁在压缩时，无论是强度极限还是延伸率都比拉伸时大得多，压缩时的强度极限是拉伸时的 4～5 倍，说明铸铁的抗压强度高于抗拉强度。

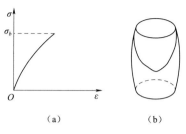

图 4-17　铸铁压缩时的 σ-ε 曲线

五、两类材料力学性能的比较

以上分别讨论了具有代表性的低碳钢和铸铁两种材料在轴向拉伸和压缩时的力学性质。低碳钢是一种典型的塑性材料，从实验结果可以看出：以低碳钢为代表的塑性材料，其抗拉和抗压强度相同，塑性材料在破坏前有较大的塑性变形，易于加工成形。以铸铁为代表的脆性材料，其抗压强度远高于抗拉强度，脆性材料破坏前变形很小，毫无预兆，破坏突然发生。总的来说，塑性材料的力学性能优于脆性材料，然而脆性材料价格比较低廉。因此，在工程实际应用中，要合理考虑材料的性价比，正确选用材料，如工程中常用价格较低的铸铁、砖、石、混凝土等脆性材料制作受压构件等。

六、材料的极限应力和容许应力

（一）极限应力

任何一种构件材料都存在一个能承受力的固有极限，称为极限应力，用 σ^0 表示。当杆内的工作应力到达此值时，杆件就会破坏。

通过材料的拉伸（或压缩）试验，可以找出材料在拉伸和压缩时的极限应力。对塑性材料，当应力达到屈服极限时，将出现显著的塑性变形，会影响构件的使用。对于脆性材料，构件达到强度极限时，会引起断裂，所以

塑性材料　　　　　　　　　　$\sigma^0 = \sigma_s$

脆性材料　　　　　　　　　　$\sigma^0 = \sigma_b$

（二）容许应力

为了保证构件能正常工作，必须使构件工作时产生的工作应力不超过材料的极限应力。由于在实际设计计算时有许多因素无法预计，因此，设计计算时，必须使构件有必要的安全储备。即构件中的最大工作应力不超过某一限值，其极限值规定将极限应力 σ^0 缩小 K 倍，作为衡量材料承载能力的依据，称为容许应力（或称为许用应力），用 $[\sigma]$ 表示。

$$[\sigma] = \frac{\sigma^0}{K} \tag{4-15}$$

式中　K——安全系数，是一个大于 1 的系数。

安全系数 K 的确定相当重要又比较复杂，选用过大，设计的构件过于安全，用料增多；选用过小，安全储备减少，构件偏于危险。

在确定安全系数时，必须考虑各方面的因素，如荷载的性质，荷载数值及计算方法的准确程度、材料的均匀程度、材料力学性能和试验方法的可靠程度，结构物的工作条件及

重要性，等等。一般工程中

脆性材料 $\qquad [\sigma] = \dfrac{\sigma_b}{K_b} \quad K_b = 2.5 \sim 3.0$

塑性材料 $\qquad [\sigma] = \dfrac{\sigma_s}{K_s} \quad K_s = 1.4 \sim 1.7$

第六节　轴向拉压杆的强度条件及其强度计算

为了确保轴向拉压杆安全可靠，不致因强度不足而破坏，就必须保证杆件内的最大工作应力不超过材料的许用应力，即

$$\sigma_{\max} = \frac{N}{A} \leqslant [\sigma] \qquad (4-16)$$

式中　N——危险截面的轴力；

$\qquad A$——危险截面的横截面面积；

$\qquad [\sigma]$——材料的许用应力。

这就是轴向拉压杆的强度条件。

根据强度条件，可以解决三种类型的强度计算问题，分别是强度校核、截面设计和荷载设计。

1．强度校核

所谓强度校核，就是指在构件尺寸、所受荷载、材料的许用应力均已知的情况下，验算构件的工作应力是否满足强度要求。

2．截面设计

所谓截面设计，就是指在构件所受荷载及材料的许用应力已知的情况下，根据强度条件合理确定构件的横截面形状及尺寸。满足强度条件要求所需的构件横截面面积为

$$A \geqslant \frac{N}{[\sigma]} \qquad (4-17)$$

3．荷载设计

所谓荷载设计，就是指在构件的横截面面积及材料的许用应力已知的情况下，根据强度条件合理确定构件的许可荷载。满足强度条件要求的轴力为

$$N \leqslant A[\sigma] \qquad (4-18)$$

然后利用平衡条件进一步确定满足强度条件的荷载许可值。

【例 4-5】　如图 4-18（a）所示的三脚架中，横杆 AB 为圆截面钢杆，直径 $d=$ 30mm，材料的许用应力为 $[\sigma]_1 = 160$MPa；斜杆 AC 为方截面杆，材料的许用应力为 $[\sigma]_2 = 6$MPa，荷载 $F = 60$kN，各杆自重忽略不计。试校核 AB 杆的强度，并选择 AC 杆的截面边长 a。

解：（1）计算各杆的轴力。依据题意可知 AB 杆、AC 杆均为二力杆，用截面将 AB 杆、AC 杆截断并选取结点 A 为研究对象，画出结点 A 的受力图，建立平面直角坐标系，如图 4-18（b）所示。

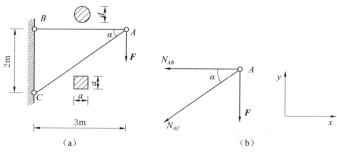

图 4-18 ［例 4-5］

$$\sum Y=0 \quad -N_{AC} \cdot \sin\alpha - F=0 \quad N_{AC}=-\frac{F}{\sin\alpha}=\frac{-60}{\dfrac{2}{\sqrt{2^2+3^2}}}=-108.2(\mathrm{kN})(压)$$

$$\sum X=0 \quad -N_{AB}-N_{AC}\cdot\cos\alpha=0 \quad N_{AB}=-(-108.2)\frac{3}{\sqrt{2^2+3^2}}=90(\mathrm{kN})(拉)$$

（2）校核 AB 杆的强度。

$$\sigma_{AB}=\frac{N_{AB}}{A_{AB}}=\frac{90\times10^3}{\dfrac{3.14\times30^2}{4}}=127.38(\mathrm{MPa})<[\sigma]_1=160(\mathrm{MPa})$$

所以 AB 杆满足抗拉强度要求。

（3）确定 AC 杆截面边长 a。

依据强度条件有：$A_{AC}\geqslant\dfrac{N_{AC}}{[\sigma]_2}=\dfrac{108.2\times10^3}{6}=18.03\times10^3(\mathrm{mm}^2)$

又因 $\quad A_{AC}=a^2 \quad$ 故 $\quad a\geqslant\sqrt{18.03\times10^3}=134.3(\mathrm{mm})$

【例 4-6】 在图 4-19（a）所示结构的刚性杆 AC 上作用有集中荷载 F，图中钢拉杆 AB 用 L45×5 的等边角钢制成，其许用应力 $[\sigma]=160\mathrm{MPa}$，试按拉杆 AB 的强度条件确定该结构的承载力。

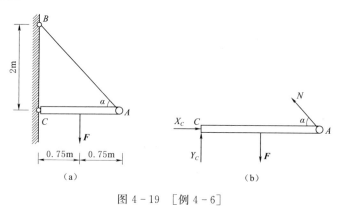

图 4-19 ［例 4-6］

解：（1）按静力平衡条件写出拉杆 AB 的轴力 N 与荷载 F 的关系。拆开铰 C、截断 AB 杆并取 AC 杆为研究对象（含部分 AB 杆），画出其受力图如图 4-19（b）所示。以

C 点为矩心建立力矩平衡方程，则有

$$\sum M_C=0 \quad N\times1.5\times\sin\alpha-F\times0.75=0 \quad N=0.625F$$

（2）按轴向拉压杆强度条件确定拉杆 AB 的轴力 N。查型钢表可知，拉杆 AB 的横截面面积为 $A=4.292\text{cm}^2$

$$N\leqslant A[\sigma]=4.292\times10^2\times160=68.67\times10^3=68.67(\text{kN})$$

（3）确定结构的承载力 F。由（1）、（2）计算可知 $0.625F\leqslant68.67$ $F\leqslant110\text{kN}$
故该结构的最大承载力为 $F=110\text{kN}$

本 章 小 结

本章主要介绍了杆件在轴向拉伸和压缩时的内力、应力、变形等基本概念及其计算，研究了材料在轴向拉伸和压缩时的力学性质，讨论了轴向拉压杆的强度计算。

（1）轴向拉压杆横截面上只有一种内力，即轴力 N，计算方法是截面法。

（2）轴向拉压杆横截面上只有一种应力，即正应力 σ，而且均匀分布的。计算公式为

$$\sigma=\frac{N}{A}$$

（3）轴向拉压杆的纵向线变形 Δl 用胡克定律计算，胡克定律有两个表达方式：

第一表达式 $$\Delta l=\frac{Nl}{EA}$$

第二表达式 $$\sigma=E\varepsilon$$

（4）材料的力学性能是通过力学试验取得的，是解决构件承载能力问题的重要依据。材料在常温、静载下的主要力学性能指标有：

1）强度指标——表示材料抵抗破坏能力的指标。

塑性材料有屈服极限 σ_s 和强度极限 σ_b，脆性材料只有强度极限 σ_b。

2）塑性指标——反映材料产生塑性变形能力的指标：延伸率 δ 和截面收缩率 Ψ。

（5）强度计算是材料力学的主要研究内容。

轴向拉压杆的强度条件是 $\sigma_{\max}=\dfrac{N}{A}\leqslant[\sigma]$，利用此强度条件可以解决轴向拉压杆的三种强度问题，分别是强度校核、截面设计和荷载设计。

（6）通过本章的学习，我们可以总结出材料力学中研究杆件变形问题的流程如图 4-20 所示。

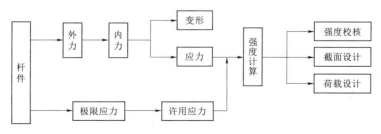

图 4-20 研究杆件变形问题的流程图

复 习 思 考 题

1. 叙述轴向拉压杆的受力特点及变形特点。

2. 描述轴向拉压杆横截面上的应力规律。

3. 直杆 AB 的 A 端受轴向压力 F 作用，若将力 F 移至 C 截面作用，如题图 3 所示，支座 B 处的支座反力有无变化？直杆 AB 的内力有无变化？对直杆 AB 的变形有何影响？

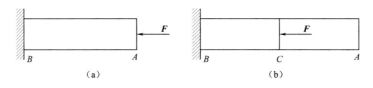

题图 3

4. 如题图 4 所示，试判断各杆的哪些部位产生轴向拉伸或压缩变形。

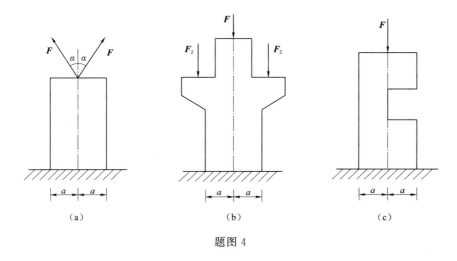

题图 4

5. 在确定材料的许用应力时，为什么要引入安全因数 K？

6. 两根材料不同、截面不同的杆，受同样的轴向压力作用，它们的内力相同吗？

7. 两根截面积相同、受力相同但材料不同的轴向拉杆，两根横截面上的正应力是否相同？

8. 比较下列概念的异同点。

①弹性变形和塑性变形；②屈服极限和强度极限；③线应变和延伸率；④极限应力和许用应力；⑤材料的拉伸图和应力-应变图；⑥变形和应变；⑦内力和应力。

9. 叙述低碳钢的拉伸过程。

10. 塑性材料和脆性材料有什么不同？

11. 最大轴力所在的截面一定是危险截面吗？为什么？

12. 低碳钢杆和铸铁杆都有一些部位不直，为什么低碳钢钢杆可以用锤砸直，而不能用锤把铸铁杆砸直呢？

13. 直径 30mm 的钢拉杆，能承受的最大拉力为 F，同样材料直径为 60mm 的钢拉杆，其能承受的最大拉力为多少？

习　　题

4-1　如题 4-1 图所示，试计算杆件上指定截面的轴力。

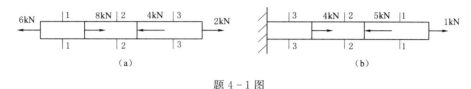

（a）　　　　　　　　　　　　　　（b）

题 4-1 图

4-2　绘制出如图所示杆件的轴力图。

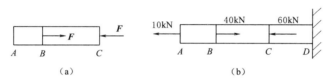

（a）　　　　　　　　　　　　　　（b）

题 4-2 图

4-3　横截面为正方形的砖柱，由上下两段组成，受力情况如图所示，已知上段的横截面边长为 $a_1=24$cm，下段的横截面边长为 $a_2=37$cm，$h_1=3$m，$h_2=4$m，$F=50$kN，材料的拉压弹性模量 $E=0.25$GPa，柱自重忽略不计，试计算：

（1）上、下段的轴力，并画柱的轴力图。

（2）上、下段的应力。

（3）上、下段的变形及截面 A 的位移。

4-4　阶梯形杆各段的直径分别为 $d_1=12$mm，$d_2=14$mm，$d_3=10$mm，杆件各段的长度分别为 $l_1=100$mm，$l_2=50$mm，$l_3=200$mm，杆件受力情况如题 4-4 图所示，材料的弹性模量 $E=200$GPa，求：

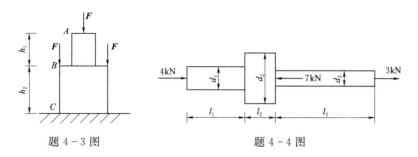

题 4-3 图　　　　　　　　　题 4-4 图

（1）该杆的最大应力。

（2）全杆的纵向变形。

（3）各段杆的纵向线应变。

4-5 用钢索起吊重量为 $F_G=20\text{kN}$ 的钢筋混凝土构件，如题 4-5 图所示，已知钢索的直径 $d=20\text{mm}$，许用应力 $[\sigma]=120\text{MPa}$，试校核钢索的强度。

4-6 一结构如题 4-6 图所示，已知 $F=5\text{kN}$，材料许用应力 $[\sigma]=6\text{MPa}$，各杆自重忽略不计，试求正方形截面木杆 BD 的截面边长 b。

4-7 拉伸实验时，钢筋的直径 $d=10\text{mm}$，在标距 $l=100\text{mm}$ 内杆伸长了 0.06mm，已知材料的弹性模量 $E=200\text{GPa}$，问此时试样内的应力是多少？试验机的拉力又是多少？

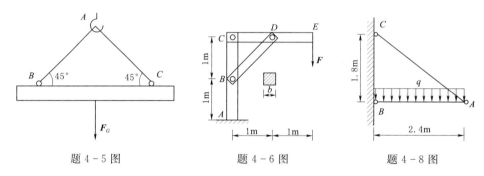

题 4-5 图   题 4-6 图   题 4-8 图

4-8 在如题 4-8 图所示的雨篷结构中，水平梁 AB 上有均布荷载 $q=36\text{kN/m}$，A 端用斜杆 AC 拉住，斜杆由两根等边角钢制成，材料许用应力为 $[\sigma]=160\text{MPa}$，试选择等边角钢的型号。

4-9 如题 4-9 图所示为一个三角托架，已知：杆 AC 是圆截面钢杆，容许应力 $[\sigma]=170\text{MPa}$，杆 BC 是正方形截面木杆，容许应力 $[\sigma]=12\text{MPa}$，荷载 $P=60\text{kN}$，试选择钢杆的直径 d 和木杆的截面边长 a。

4-10 结构受力如题 4-10 图所示，已知 1 杆为圆截面钢杆，直径 $d=18\text{mm}$，材料许用应力 $[\sigma]=170\text{MPa}$；2 杆为正方形木杆，边长为 $a=70\text{mm}$，材料许用应力 $[\sigma_-]=10\text{MPa}$。试校核结构的强度。

4-11 如题 4-11 图所示结构，拉杆 AB 为圆钢，若 $P=50\text{kN}$，$[\sigma]=200\text{MPa}$，试设计 AB 杆的直径。

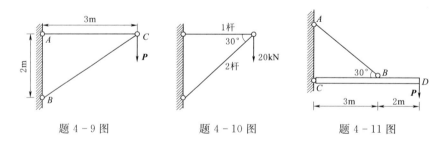

题 4-9 图   题 4-10 图   题 4-11 图

第五章 梁 的 弯 曲

【能力目标、知识目标】

通过本章的学习，培养学生正确进行杆件弯曲变形的内力计算和内力图的绘制。为学生熟练应用建筑力学知识进行结构荷载效应的计算奠定基础。

【学习要求】

(1) 了解平面弯曲的概念；理解梁的内力和内力图的概念。

(2) 掌握截面法求梁的内力并绘制内力图。

(3) 理解梁的横截面上的正应力的分布规律，掌握梁横截面上的正应力计算。

(4) 理解梁的正应力强度条件，掌握正应力强度计算。

(5) 理解梁横截面上的剪应力的分布规律，掌握梁横截面上的剪应力的计算。

(6) 理解梁的剪应力强度条件，掌握剪应力强度计算。

(7) 掌握单跨静定梁的内力图。

(8) 掌握叠加法作内力图。

(9) 了解提高梁强度的措施。

第一节 平 面 弯 曲

一、平面弯曲的概念

弯曲是工程中最常见的一种基本变形，例如工业厂房里的吊车梁、民用建筑中的阳台挑梁等在荷载作用下，都将发生弯曲变形。杆件受到垂直于轴线的外力作用或纵向平面内力偶的作用，杆件的轴线由直线变成了曲线，因此，工程上将以弯曲变形为主要变性的杆件称为梁。事实上，梁的弯曲变形非常复杂，本章将讨论等截面直梁的平面弯曲问题。

工程中常见的梁的横截面内都具有一根对称轴，这根对称轴与梁的轴线所组成的平面，称为纵向对称平面。如果作用在梁上的所有外力都位于纵向对称平面内，则梁变形后，轴线将在纵向对称平面内弯曲成为一条曲线。这种梁的弯曲平面与外力作用面相重合的弯曲，称为平面弯曲。平面弯曲是最常见、最简单的弯曲变形，如图 5-1 所示。

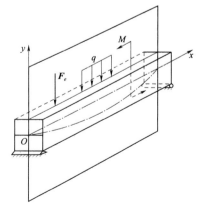

图 5-1 平面弯曲示意图

二、工程中常见的梁的种类

(1) 简支梁：一端为固定铰支座，另一端为可动

57

铰支座的梁可称为简支梁，如图 5-2 所示。

（2）悬臂梁：一端固定，另一端自由的梁称为悬臂梁，如图 5-3 所示。

（3）外伸梁：一端或两端伸出支座的简支梁称为外伸梁，如图 5-4 所示。

图 5-2　简支梁　　　　图 5-3　悬臂梁　　　　图 5-4　外伸梁

第二节　平面弯曲梁的内力

一、用截面法求梁的内力

为了计算梁的强度和刚度，就必须计算它的内力。为此，应根据平衡条件求得静定梁在荷载作用下的全部反力。当作用在梁上的全部外力（包括荷载和支座反力）均为已知时，用截面法就可以求出任意截面上的内力。

用截面法计算梁的内力的步骤是：

（1）计算支座反力。

（2）用假想的截面将梁截成两段，任取某一段为研究对象。

（3）画出研究对象的受力图。

（4）建立平衡方程，计算内力。

现以图 5-5（a）所示简支梁为例，用截面法分析任一截面 m—m 上的内力。假想将梁沿 m—m 截面分为两段，取左段为研究对象，从图 5-5（b）可见，因有支座反力 R_A 作用，为使左段满足 $\sum Y=0$，m—m 截面上必然有与 R_A 等值、平行且反向的内力 V 存在，这个内力 V，称为剪力；同时，因 R_A 对 m—m 截面的形心 O 点有一个力矩 $R_A \cdot a$ 的作用，为满足 $\sum M_O=0$，m—m 截面上也必然有一个与力矩 $R_A \cdot a$ 大小相等且转向相反的内力偶矩 M 存在，这个内力偶矩 M 称为弯矩。由此可见，梁发生弯曲时，横截面上同时存在着两个内力，即剪力和弯矩。

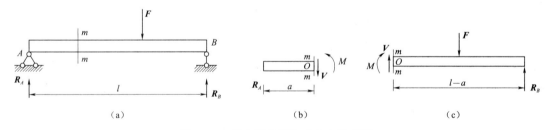

（a）　　　　　　　　（b）　　　　　　　　（c）

图 5-5　简支梁截面法求内力示意图

剪力的常用单位为 N 或 kN，弯矩的常用单位为 N・m 或 kN・m。

剪力和弯矩的大小，可由左段梁的静力平衡方程求得，即

$$\sum Y=0 \quad R_A-V=0 \quad 得 \ V=R_A$$

$$\sum M_O=0 \quad R_A \times a-M=0 \quad 得 \ M=R_A \cdot a$$

如果取右段梁作为研究对象，同样可以求得 m—m 截面上的 V 和 M，根据作用与反作用力的关系，它们与从右段梁求出 m—m 截面上的 V 和 M 大小相等，方向相反，如图 5-5（c）所示。

二、剪力、弯矩的正负号规定

1. 剪力的正负号

当截面上的剪力 V 使该截面邻近微段有做顺时针转动趋势时为正，反之为负，如图 5-6 所示。

2. 弯矩的正负号

当截面上的弯矩使该截面的邻近微段下部受拉，上部受压为正（即凹向上时为正），反之为负，如图 5-7 所示。

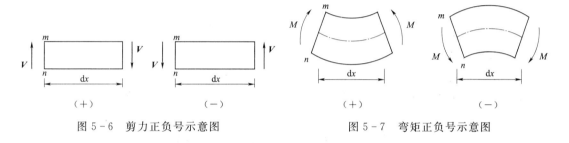

图 5-6 剪力正负号示意图   图 5-7 弯矩正负号示意图

三、用截面法求梁的内力的基本规律

（1）求指定截面上的内力时，既可取梁的左段为脱离体，也可取右段为脱离体，两者计算结果一致。一般取外力比较简单的一段进行计算。

（2）在解题时，一般在所求内力的截面上把内力（V、M）假设为正号。最后计算结果是正，则表示假设的内力方向（转向）与实际方向相同，解得的 V、M 即为正的剪力和弯矩。若计算结果为负，则表示该截面上的剪力和弯矩均是负的，其方向（转向）应与所假设的相反。

（3）梁内任一截面上的剪力 V 的大小，等于这截面左边（或右边）所有与截面平行的各外力的代数和。

（4）梁内任一截面上的弯矩的大小，等于这截面左边（或右边）所有外力（包括力偶）对于这个截面形心的力矩的代数和。

【例 5-1】 简支梁如图 5-8（a）所示。已知 $F_1=30kN$，$F_2=30kN$，试求 1—1 截面上的剪力和弯矩。

解：（1）求支座反力，考虑梁的整体平衡。

$$\sum M_B=0 \quad F_1\times5+F_2\times2-R_A\times6=0$$
$$\sum M_A=0 \quad -F_1\times1-F_2\times4+R_B\times6=0$$

得 $\qquad R_A=35kN(\uparrow) \quad R_B=25kN(\uparrow)$

校核 $\qquad \sum Y=R_A+R_B-F_1-F_2=35+25-30-30=0$

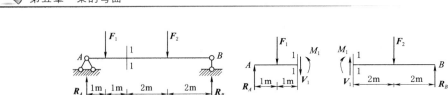

图 5-8 〔例 5-1〕

（2）求 1—1 截面上的内力。在 1—1 截面处将梁截开，取左段梁为研究对象，画出其受力图，内力 V_1 和 M_1 均先假设为正的方向〔图 5-8（b）〕，列平衡方程：

$$\sum Y=0 \quad R_A-F_1-V_1=0$$

$$\sum M_1=0 \quad -R_A\times 2+F_1\times 1+M_1=0$$

得

$$V_1=R_A-F_1=35-30=5(\text{kN})$$

$$M_1=R_A\times 2-F_1\times 1=35\times 2-30\times 1=40(\text{kN}\cdot\text{m})$$

求得 V_1 和 M_1 均为正值，表示 1—1 截面上内力的实际方向与假定的方向相同；按内力的符号规定，剪力、弯矩都是正的。所以，画受力图时一定要先假设内力为正的方向，由平衡方程求得结果的正负号，就能直接代表内力本身的正负。

如取 1—1 截面右段梁为研究对象〔图 5-8（c）〕，可得出同样的结果。

第三节　平面弯曲梁的内力图的作法

一、内力方程法作内力图

（一）剪力方程和弯矩方程

一般情况下，梁横截面上的剪力和弯矩随截面位置不同而变化，若以横坐标 x 来表示横截面在梁轴线上的位置，则各横截面上的剪力和弯矩皆可表示为 x 的函数，即

$$V=V(x) \quad M=M(x)$$

以上的函数表达式分别称为梁的剪力方程和弯矩方程。为了形象表示剪力 F_Q 和弯矩 M 沿梁轴线的变化规律，可根据剪力方程和弯矩方程分别绘制出剪力和弯矩变化的图形，分别称为剪力图和弯矩图统称为内力图，由内力图可直观看出梁上最危险的截面，以便进行强度和刚度计算。

（二）剪力图和弯矩图的绘制方法

一般规定绘图坐标系如下图，坐标原点一般选在左端截面。作图时，剪力正值画在 x 轴上方，负值画在下方，而 M 正值画在 x 轴下方。下面举例说明。

【例 5-2】 简支梁受到集中力作用，如图 5-9 所示，试画出剪力图和弯矩图。

解：（1）求约束反力。整体平衡，求出约束反力：

$$\text{由}\sum M_A(F)=0 \quad Y_B L-F_P=0$$

得

$$Y_A=\frac{F_P}{l}$$

由 $\qquad \sum y=0 \quad Y_A-F_P+Y_B=0$

得 $\qquad Y_B=\dfrac{F_P}{l}$

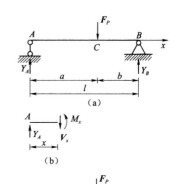

（2）分段列 AC 段和 CB 段的剪力方程和弯矩方程 $V(x)$、$M(x)$。建立剪力方程和弯矩方程时应注意以下事项：

1）定坐标原点及正向：原点一般设在梁的左端；正向为自左向右为正向。

2）定方程区间：即找出分段点；分段的原则是载荷有突变之处即为分段点。

3）定内力正负号：截面上总设正号的剪力、弯矩。

确定了以上三项后即可建立 $V(x)$、$M(x)$。

列 $V(x_1)$、$M(x_1)$ 方程：

AC 段：〔根据图 5-9（b）列方程〕

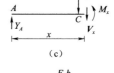

$$V(x_1)=Y_A=\frac{F_P b}{l} \quad (0<x_1<a)$$

（例 5-2-1）

$$M(x_1)=Y_A \cdot x_1=\frac{F_P b}{l}\cdot x_1 \quad (0\leqslant x_1\leqslant a)$$

（例 5-2-2）

CB 段：〔根据图 5-9（c）列方程〕

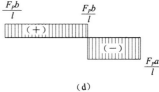

$$V(x_2)=Y_A-F_P=\frac{F_P b}{l}-F_P \quad (a<x_2<l)$$

（例 5-2-3）

$$M(x_2)=Y_A \cdot x_2-F_P(x_2-a)$$

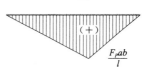

$$=\frac{F_P b}{l}\cdot x_2-F_P(x_2-a) \quad (a\leqslant x_2\leqslant l) \qquad (例 5-2-4)$$

图 5-9 〔例 5-2〕

（3）绘 V、M 图。据式（例 5-2-1）、式（例 5-2-3）作 V 图，如图 5-9（d）所示。据式（例 5-2-2）、式（例 5-2-4）作 M 图，如图 5-9（e）所示。

（4）确定 $V_{\max}$、$M_{\max}$。

据 V 图可见，当 $a>b$ 时 $\qquad |V|_{\max}=\dfrac{F_P a}{l}$

据 M 图可见，c 截面处有 $\qquad |M|_{\max}=\dfrac{F_P ab}{l}$

若 $a=b=l/2$，则 $\qquad M_{\max}=\dfrac{F_P l}{4}$

特点之一：在集中力作用处，V 图有突变（不连续），突变的绝对值等于该集中力的大小；M 图有一转折点，形成尖角。

【**例 5-3**】 简支梁 AB 在 C 处有力偶 M_O 作用，如图 5-10 所示，试画出剪力图和弯

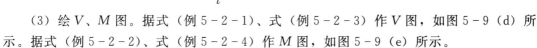

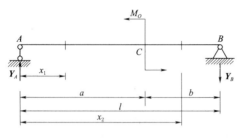

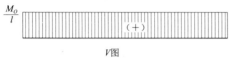

V图

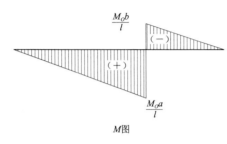

M图

图 5-10　[例 5-3]

矩图。

解：（1）计算约束反力（略）。

（2）列剪力方程和弯矩方程。

AC 段：

$$F_V(x_1)=Y_A=\frac{M_O}{l}\quad(0<x_1\leqslant a)$$

（例 5-3-1）

$$M(x_1)=Y_A\cdot x_1=\frac{M_O}{l}\cdot x_1\quad(0\leqslant x_1<a)$$

（例 5-3-2）

CB 段：

$$V(x_2)=F_A=\frac{M_O}{l}\quad(a\leqslant x_2<l)$$

（例 5-3-3）

$$M(x_2)=Y_A\cdot x_2-M_O$$
$$=\frac{M_O}{l}\cdot x_2-M_O\quad(a<x_2\leqslant l)$$

（例 5-3-4）

特点之二： 在集中力偶作用下，弯矩图发生突变（不连续），突变的绝对值等于该集中力偶矩的大小；但剪力图没有突变。

【例 5-4】 简支梁受均布荷载 q 作用如图 5-11 所示，试画出剪力图和弯矩图。

解：（1）计算约束反力（略）。

（2）列剪力方程和弯矩方程。

$$V(x)=Y_A-qx=\frac{ql}{2}-qx\quad(0<x<l)$$

（例 5-4-1）

$$M(x)=Y_A\cdot x-\frac{qx^2}{2}=\frac{qlx}{2}-\frac{qx^2}{2}\quad(0\leqslant x\leqslant l)$$

（例 5-4-2）

由 V 图、M 图可见：

支座处：　$|V|_{max}=\frac{ql}{2}$

$Q=0$ 处：　$|M|_{max}=\frac{ql^2}{8}$

特点之三： 从［例 5-2］（集中力）、［例 5-3］（集中力偶）、［例 5-4］（均布荷

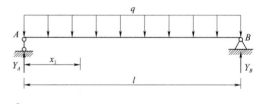

V图

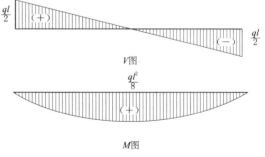

M图

图 5-11　[例 5-4]

载）可以看到：在梁端的铰支座上，剪力等于该支座的约束反力。如果在端点铰支座上没

有集中力偶的作用，则铰支座处的弯矩等于零。

【例 5-5】 如图 5-12 所示悬臂梁 AB 受均布荷载作用。试画出剪力图和弯矩图。

解：（1）计算约束反力（略）。

（2）列剪力方程和弯矩方程。

$$V(x) = -qx \quad (0 \leqslant x \leqslant l) \qquad (1)$$

$$M(x) = -\frac{qx^2}{2} \quad (0 \leqslant x \leqslant l) \qquad (2)$$

在固定端处： $|F_V|_{max} = ql$

$$|M|_{max} = \frac{ql^2}{2}$$

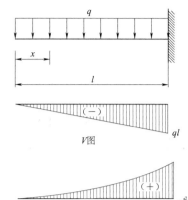

图 5-12 ［例 5-5］

特点之四： 在梁的外伸自由端点处，如果没有集中力偶的作用，则端点处的弯矩等于零；如果没有集中力的作用，则剪力等于零。

特点之五： 在固定端处，剪力和弯矩分别等于该支座处的支座反力和约束力偶矩。

特点之六： 最大剪力发生位置：梁的支座处及集中力作用处有 V_{max}，最大弯矩一般发生在下列部位：①集中力作用的截面处；②集中力偶作用的截面处；③$V=0$ 处，M 有极值；④悬臂梁的固定端处。

【例 5-6】 试画出图 5-13 剪力图和弯矩图。

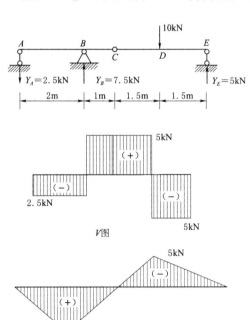

图 5-13 ［例 5-6］

解： 利用中间铰处弯矩为零及平面力系的平衡方程求解支座支反力，解题过程略，剪力图和弯矩图如图 5-13 所示。

特点之七： 在梁的中间铰上如果没有集中力偶作用，则中间铰处弯矩必等于零，而剪力图在此截面处不发生突变，如图 5-13 所示。

特点之八： 对称结构、对称载荷，V 图反对称，M 图对称。

特点之九： 对称结构，反对称载荷，V 图对称，M 图反对称。

特点之十： 梁中正、负弯矩的分界点称为反弯点，反弯点处 $M=0$，构件设计中确定反弯点的位置具有实际意义。

二、微分关系法作梁的内力图

（1）$q(x)$、$V(x)$、$M(x)$ 之间的微分关系。经理论证明，弯矩、剪力和分布荷载之间存在如下关系：

$$\frac{\mathrm{d}N(x)}{\mathrm{d}x}=q(x) \tag{5-1}$$

$$\frac{\mathrm{d}M(x)}{\mathrm{d}x}=V(x) \tag{5-2}$$

$$\frac{\mathrm{d}^2M(x)}{\mathrm{d}x^2}=\frac{\mathrm{d}N(x)}{\mathrm{d}x}=q(x) \tag{5-3}$$

式（5-1）说明：梁上任意横截面上的剪力对 x 的一阶导数等于作用在该截面处的分布荷载集度。这一微分关系的几何意义是，剪力图上某点切线的斜率等于相应截面处的分布荷载集度。

式（5-2）说明：梁上任一横截面上的弯矩对 x 的一阶导数等于该截面上的剪力。这一微分关系的几何意义是，弯矩图上某点切线的斜率等于相应截面上剪力。

式（5-3）说明：梁上任一横截面上的弯矩对 x 的二阶导数等于该截面处的分布荷载集度。这一微分关系的几何意义是，弯矩图上某点的曲率等于相应截面处的荷载集度，即由分布荷载集度的正负可以确定弯矩图的凹凸方向。

（2）根据 $q(x)$、$V(x)$、$M(x)$ 之间的微分关系所得出的一些规律。利用 $q(x)$、$V(x)$、$M(x)$ 之间的微分关系，可以得到荷载、剪力图和弯矩图之间的关系，列成表 5-1，以便应用。

（3）利用 $q(x)$、$V(x)$、$M(x)$ 间的微分关系作 V 图、M 图。

【例5-7】 如图 5-14 所示简支梁，应用微分关系法，绘制图 V 图、M 图。已知 $P=80\mathrm{kN}$，$q=40\mathrm{kN/m}$，$M=160\mathrm{kN\cdot m}$。

解：（1）计算支座反力，取整体为研究对象。

$$\sum M_A(F)=0$$
$$-P\times1-q\times4\times4+m+Y_G\times8=0$$
$$Y_G=\frac{P+q\times4\times4-m}{8}=\frac{80+40\times4\times4-160}{8}=70(\mathrm{kN})(\uparrow)$$
$$\sum y=0 \quad Y_A-P-q\times4+Y_G=0$$
$$Y_A=P+q\times4-Y_G=80+40\times4-70=170(\mathrm{kN})(\uparrow)$$

表5-1　荷载、剪力图和弯矩图之间的关系

序号	梁上荷载情况	剪 力 图	弯 矩 图
1	无分布荷载 （$q=0$）	V图为水平直线	M图为斜直线

续表

序号	梁上荷载情况	剪　力　图	弯　矩　图
2	均布荷载向上作用 $q>0$	V　上斜直线　x	M　上凸曲线　x
3	均布荷载向下作用 $q<0$	V　下斜直线　x	M　下凸曲线　x
4	集中力作用 F_P　C	C截面有突变　F_P	C截面有转折　C
5	集中力偶作用 m　C	C截面无变化	C截面有突变　C　m
6		$V=0$截面	M有极值

（2）绘制剪力图。

先分段：AB 段为平直线，B 截面有集中力 P 作用，剪力图突变，BC 段为平直线，CE 段为右下方斜直线，EG 段为平直线，在力偶 M_E 处剪力图无变化。

再计算各控制截面的剪力值。

支座处：A 端　$V_A=170\text{kN}$（等于支座反力大小）

$\qquad B$ 端　$V_{B左}=170\text{kN}$

$\qquad\qquad V_{B右}=90\text{kN}$

集中力作用发生突变，绝对值等于 80kN。

$$V_C=90\text{kN}$$

$$V_E=90-40\times4=-70(\text{kN})$$

$$V_G=70\text{kN}$$

如图 5-14 所示，从图中可看到 CE 段由正到负必须经过零点，需要确定剪力为零的截面位置。有几何关系确定：

$$\frac{90}{CD}=\frac{70}{4-CD}$$

$$CD=2.25\text{mm}$$

可知剪力为零的 D 点到 A 端支座距离 $AD=4.25\text{m}$。

（3）绘弯矩图。

先分段定性：AB 段为右下方斜直线，BC 段也

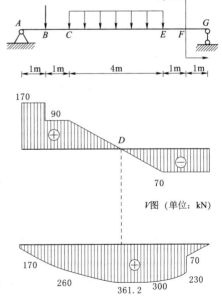

V图（单位：kN）

M图（单位：kN·m）

图 5-14　[例 5-7]

是右下方斜直线，因为剪应力都是正值。在集中力 P 作用处，弯矩图出现转折，CE 段为二次抛物线，且上凹。在剪力为零的截面上，弯矩图出现极值，EF 段和 EG 段均为右上方斜直线，因为剪力是负值。

再计算各控制截面的弯矩值。

$M_A = 0$

$M_G = 0$

$M_B = 170 \times 1 = 170 (\text{kN} \cdot \text{m})$

$M_C = 170 \times 2 - 80 \times 1 = 260 (\text{kN} \cdot \text{m})$

$M_D = M_{max} = 170 \times 4.25 - 80 \times 3.25 - 40 \times 2.25 \times \dfrac{2.25}{2} = 361.25 (\text{kN} \cdot \text{m})$

$M_E = 70 \times 2 + 160 = 300 (\text{kN} \cdot \text{m})$

$M_{F左} = 70 \times 1 + 160 = 230 (\text{kN} \cdot \text{m})$

$M_{F右} = 70 \times 1 = 70 (\text{kN} \cdot \text{m})$

绘制 M 图。

三、用叠加法绘制梁的剪力图和弯矩图

（一）叠加原理

一般梁在荷载作用下变形微小，其跨长的改变量可忽略不计，因此在求梁的支座反力

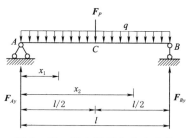

图 5 - 15　简支梁受集中力和均布荷载共同作用

和内力时，均可按原始尺寸计算。当梁上有几种荷载作用时，梁的支座反力和内力可以这样计算：先分别计算每种荷载单独作用时的支座反力和内力，然后再将这些分别计算的结果代数相加。

如图 5 - 15 所示的简支梁在集中力 F_P 和均布荷载 q 两种荷载作用下，其支座反力为

$$F_{Ay} = F_{By} = \frac{1}{2}ql + \frac{F_P}{2}(\uparrow)$$

距 A 支座为 x_1 截面上的剪力和弯矩方程分别为

$$F_V(x_1) = F_{Ay} - q \cdot x_1 = \left(\frac{1}{2}ql + \frac{F_P}{2}\right) - q \cdot x_1 \quad \left(0 \leqslant x_1 \leqslant \frac{l}{2}\right)$$

$$M(x_1) = F_{Ay}x_1 - \frac{1}{2}qx_1^2 = \left(\frac{1}{2}ql + \frac{F_P}{2}\right)x_1 - \frac{1}{2}qx_1^2$$

由上列各式可看出，梁的支座反力、剪力和弯矩方程都是由两部分组成。第一部分相当于均布荷载 q 单独作用在梁上所引起的方程，第二部分相当于集中力 F_P 单独作用在梁上所引起的方程。

剪力图和弯矩图也可用叠加法绘制，如图 5 - 16 所示。先分别作出各种荷载单独作用下梁的剪力图和弯矩图如图 5 - 16 （b）、（c）所示，然后将其对应截面的内力纵坐标代数相加，即 A 截面加 A 截面、B 截面加 B 截面、跨中截面加跨中截面如图 5 - 16 （a）所示。

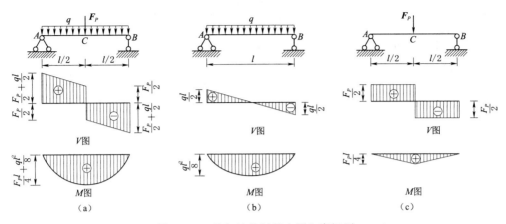

图 5 - 16　叠加法绘制剪力图和弯矩图

叠加后的内力图应注意下述两点：

（1）在各种荷载单独作用下的内力图变化规律均为直线时，叠加后的内力图仍为直线。

（2）在各种荷载单独作用下，其内力图变化规律有的是直线、有的是曲线或均为曲线时。叠加后的内力图为曲线。

（二）整梁叠加法绘制剪力图和弯矩图

【例 5 - 8】 用叠加法绘制图 5 - 17（a）所示简支梁的剪力图和弯矩图。

解： 先分别作出简支梁在均布荷载 q 单独作用下的剪力图 V_1 和弯矩图 M_1 及力偶 m 单独作用下的剪力图 V_2 和弯矩图 M_2，如图 5 - 17（b）、（c）所示。

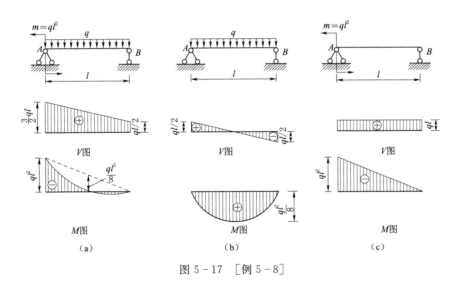

图 5 - 17　［例 5 - 8］

剪力图叠加：

截面 A 处
$$V_A = V_{A1} + V_{A2} = \frac{1}{2}ql + ql = \frac{3}{2}ql$$

截面 B 处　　　　　$V_B=V_{B1}+V_{B2}=-\dfrac{1}{2}ql+ql=\dfrac{1}{2}ql$

将上列控制截面的数值标出后，用直线相连，即得剪力图。

弯矩图叠加：

截面 A 处　　　　　$M_A=M_{A1}+M_{A2}=0+(-ql^2)=-ql^2$

截面 B 处　　　　　$M_B=M_{B1}+M_{B2}=0$

跨中截面处　　　　$M_C=M_{C1}+M_{C2}=\dfrac{1}{8}ql^2-\dfrac{1}{2}ql^2=-\dfrac{3}{8}ql^2$

将上列控制截面的数值标出后，用曲线相连，即得弯矩图。

叠加法的三句话：

(1) 截面相对应，同号只管加。

(2) 异号重叠处，不用去管它；抓住控制面，一一相减加。

(3) 图形必须归整，反弯点要对准；控制截面须对应，正负一定要分清。

(三) 区段叠加法作梁的弯矩图

【例 5 – 9】　绘制图 5 – 18（a）所示梁的弯矩图。

解：此题若用一般方法作弯矩图较为麻烦。现采用区段叠加法来作，可方便得多。

(1) 计算支座反力。

$$\sum M_B(F)=0\quad F_{Ay}=15\text{kN}(\uparrow)$$
$$\sum M_A(F)=0\quad F_{By}=15\text{kN}(\uparrow)$$

(2) 选定外力变化处为控制截面，并求出它们的弯矩。本例控制截面为 C、A、D、E、B、F 各处，可直接根据外力确定内力的方法求得

$$M_C=0$$
$$M_A=-6\times2=-12(\text{kN}\cdot\text{m})$$
$$M_D=-6\times6+15\times4-2\times4\times2=8(\text{kN}\cdot\text{m})$$
$$M_E=-2\times2\times3+11\times2=10(\text{kN}\cdot\text{m})$$
$$M_B=-2\times2\times1=-4(\text{kN}\cdot\text{m})$$
$$M_F=0$$

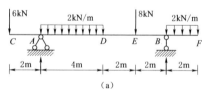

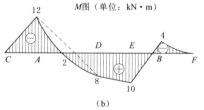

图 5 – 18　［例 5 – 9］

(3) 把整梁分为 CA、AD、DE、EB、BF 五段，然后用区段叠加法绘制各段的弯矩图。方法是：先用一定比例绘出 CF 梁各控制截面的弯矩纵标，然后看各段是否有荷载作用，如果某段范围内无荷载作用（例如 CA、DE、EB 三段），则可把该段端部的弯矩纵标连以直线，即为该段弯矩图。如该段内有荷载作用（例如 AD、BF 两段），则把该段端部的弯矩纵标连一虚线，以虚线为基线叠加该段按简支梁求得的弯矩图。整个梁的弯矩图如图 5 – 18（b）所示。

其中 AD 段中点的弯矩为

$$M_{AD\text{中}}=\frac{-12+8}{2}+\frac{ql_{AD}^2}{8}=\frac{-12+8}{2}+\frac{2\times4^2}{8}=2(\text{kN}\cdot\text{m})$$

BF 段中点的弯矩为

$$M_{BF\text{中}}=\frac{-4+0}{2}+\frac{ql_{BF}^2}{8}=\frac{-4+0}{2}+\frac{2\times2^2}{8}=-1(\text{kN}\cdot\text{m})$$

第四节 截面的几何性质

构件的截面都是具有一定几何形状的平面图形，与截面的形状、尺寸有关的几何量叫做截面的几何性质，如面积等。截面的几何性质是影响构件承载能力的重要因素之一。这里将集中讨论几种平面图形的几何性质。

一、截面的形心位置

由几何学习可知，任何图形都有一个几何中心，我们把截面图形的几何中心简称为截面形心。当平面图形具有对称中心时，其对称中心就是形心。如有两个对称轴，形心就在对称轴的交点上，如图 5-19（a）所示。如有一个对称轴，其形心一定在对称轴上，具体位置必须经过计算才能计算，如图 5-19（b）所示。

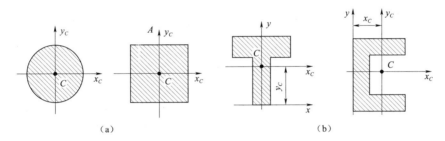

（a）　　　　　　　　　　　　　（b）

图 5-19　截面的形心位置图

从图 5-19（a）可以看出其 x_C、y_C 都等于零，而图 5-19（b）的 x_C、y_C 则要求解，但可知是由几个简单平面图形的组合而成。因此，我们可以进行分割如图 5-20 所示：将角钢分成两个矩形的组合，令 I 块面称为 A_1，形心坐标为 C_1，II 块面称为 A_2，形心坐标为 C_2，得到形心坐标公式为

$$x_C=\frac{x_1A_1+x_2A_2}{A_1+A_2}=\frac{\sum A_i x_i}{\sum A_i}$$

$$y_C=\frac{y_1A_1+y_2A_2}{A_1+A_2}=\frac{\sum A_i y_i}{\sum A_i} \qquad (5-4)$$

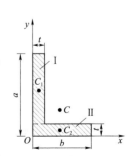

图 5-20　[例 5-10]

式中　x_C、y_C——组合图形截面形心坐标；

A_i——组合截面中各简单图形的截面面积；

x_i、y_i——各简单图形对 x 轴、y 轴的形心坐标。

【例 5-10】 试计算图 5-20 不等边角钢的形心。已知 $a=80$mm，$b=50$mm，$t=5$mm。

解：将图形分成两个矩形，坐标如图。

Ⅰ块
$$A_1 = 75 \times 5 = 375 (\text{mm}^2)$$
$$x_1 = 2.5\text{mm}, \quad y_1 = \frac{75}{2} + 5 = 42.5(\text{mm})$$

Ⅱ块
$$A_2 = 50 \times 5 = 250(\text{mm}^2)$$
$$x_2 = 25\text{mm}, \quad y_2 = \frac{5}{2} = 2.5(\text{mm})$$

代入形心坐标公式：
$$x_C = \frac{x_1 A_1 + x_2 A_2}{A_1 + A_2} = \frac{2.5 \times 375 + 25 \times 250}{375 + 250} = 11.5(\text{mm})$$

$$y_C = \frac{y_1 A_1 + y_2 A_2}{A_1 + A_2} = \frac{42.5 \times 375 + 2.5 \times 250}{375 + 250} = 26.5(\text{mm})$$

二、截面的静矩

平面图形的面积 A 与其形心到某一坐标轴的距离的乘积称为该平面图形对该轴的静矩。一般用 S 来表示。即

$$S_x = A y_c \qquad S_y = A x_c \qquad (5-5)$$

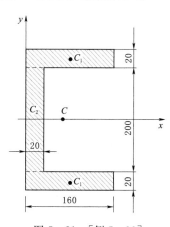

图 5 - 21　[例 5 - 11]

静矩的常用单位是 m^3 或 mm^3。由式（5 - 5）可知，当坐标轴通过图形形心时，其静矩为零。反之，若静矩为零，则该轴必通过图形的形心。如图5 - 21所示，$S_x = 0$。

【例 5 - 11】 试计算图 5 - 21 槽形截面对 x 轴和 y 轴的静矩。

解：将槽形截面分割成三个矩形，其面积分别为
$$A_1 = 160 \times 20 = 3200(\text{mm}^2)$$
$$A_2 = 20 \times 200 = 4000(\text{mm}^2)$$
$$A_3 = 160 \times 20 = 3200(\text{mm}^2)$$

矩形形心的 x 坐标为
$$x_1 = 80\text{mm}$$
$$x_2 = 10\text{mm}$$
$$x_3 = 80\text{mm}$$

代入静矩公式计算
$$S_y = A_1 x_1 + A_2 x_2 + A_3 x_3$$
$$= 3200 \times 80 + 4000 \times 10 + 3200 \times 80$$
$$= 552000(\text{mm}^3)$$

因为 x 轴是对称轴且通过截面形心，所以 $S_x = 0$

三、截面的惯性矩

（一）惯性矩的计算公式

任意一个构件的横截面如图 5 - 22 所示，把它分成无数个微小面积，则其面积 A 对

于 z 轴和 y 轴的惯性矩定义为整个图形上微小面积 $\mathrm{d}A$ 与 z 轴（或 y 轴）距离平方乘积的总和。用 I_z（或 I_y）表示，记为

$$\left.\begin{array}{l} I_z = \displaystyle\int_A y^2 \mathrm{d}A \\ I_y = \displaystyle\int_A z^2 \mathrm{d}A \end{array}\right\} \tag{5-6}$$

下脚标指对某轴的惯性矩，单位是长度的四次方，习惯用 m^4 或 mm^4。型钢的惯性矩可以查阅工程设计手册。

简单图形的惯性矩计算公式（图 5-23）：

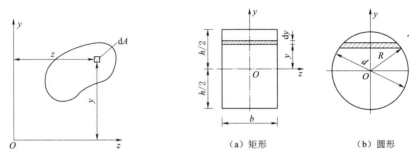

图 5-22　微小面积示意图　　　　图 5-23　惯性矩示意图

矩形
$$\left.\begin{array}{l} I_z = \displaystyle\int_A y^2 \mathrm{d}A = \int_{-\frac{h}{2}}^{\frac{h}{2}} y^2 \cdot b \cdot \mathrm{d}y = \frac{bh^3}{12} \\ I_y = \dfrac{hb^3}{12} \end{array}\right\} \tag{5-7}$$

圆形
$$\left.\begin{array}{l} I_z = \displaystyle\int_A y^2 \mathrm{d}A = 2\int_{-R}^{R} y^2 \sqrt{R^2 - y^2}\,\mathrm{d}y = \frac{\pi R^4}{4} = \frac{\pi d^4}{64} \\ I_y = \dfrac{\pi d^4}{64} \end{array}\right\} \tag{5-8}$$

（二）惯性矩的平行移轴公式

同一截面对于不同坐标轴的惯性矩不相同，但它们之间都存在着一定的关系（图 5-24），即

$$\left.\begin{array}{l} I_z = I_{zC} + a^2 A \\ I_y = I_{yC} + b^2 A \end{array}\right\} \tag{5-9}$$

式（5-9）称为计算惯性矩的平行移轴公式。这个公式表明：截面对任意一个轴的惯性矩，等于截面对与该轴平行的形心轴的惯性矩加上截面的面积与两轴距离平方的乘积。

（三）组合截面的惯性矩计算

在工程实际中常常会遇到由几个截面组合而成的截面，有的是由几个简单的图形组成 [图 5-25（a）、（b）、（c）]，有的是由几个型钢截面组成 [图 5-25（d）]。

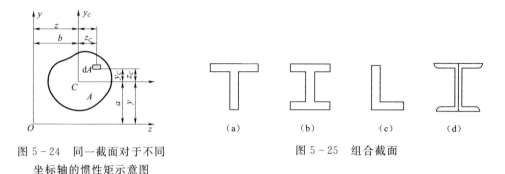

图 5-24　同一截面对于不同
坐标轴的惯性矩示意图

图 5-25　组合截面

在计算组合截面对某坐标轴的惯性矩时，根据定义，可以分别计算各组成部分对该轴的惯性矩，然后再相加，即

$$\left.\begin{aligned}I_z &= \sum_{i=1}^n I_{zi}\\ I_y &= \sum_{i=1}^n I_{yi}\end{aligned}\right\} \tag{5-10}$$

式中　I_{zi}、I_{yi}——组合截面中任意组成部分对于 z 轴、y 轴的惯性矩，在计算它们时，常用平行移轴公式 [式（5-9）]。

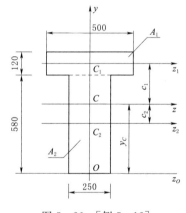

图 5-26　[例 5-12]

【例 5-12】 试求图 5-26 所示 T 形截面对形心轴 z 轴、y 轴的惯性矩。

解：（1）求截面形心的位置。因图形对称，其形心在对称轴（y 轴）上，即

$$z_C = 0$$

为计算 y_C，将截面分成 Ⅰ、Ⅱ 两个矩形，取一个参考坐标轴 z_0，将图形分成两个矩形，这两部分的面积和形心对 z_0 的坐标分别为

$$A_1 = 500 \times 120 = 60000(\text{mm}^2)$$
$$A_2 = 250 \times 580 = 145000(\text{mm}^2)$$
$$y_1 = 580 + \frac{120}{2} = 640(\text{mm})$$
$$y_2 = \frac{580}{2} = 290(\text{mm})$$

由式（5-4）得

$$y_C = \frac{A_1 y_1 + A_2 y_2}{A_1 + A_2} = \frac{60000 \times 640 + 145000 \times 290}{60000 + 145000} = 392(\text{mm})$$

（2）分别求两个矩形截面对 z 轴、y 轴的惯性矩。

$$a_1 = 580 + \frac{120}{2} - 392 = 248(\text{mm})$$

$$a_2 = 392 - \frac{580}{2} = 102(\mathrm{mm})$$

由平行移轴公式（5-9）得

$$I_{1z} = I_{1C_1} + a_1^2 A_1 = \frac{500 \times 120^3}{12} + 248^2 \times 500 \times 120 = 37.6 \times 10^8 (\mathrm{mm}^4)$$

$$I_{2z} = I_{2C_2} + a_2^2 A_2 = \frac{250 \times 580^3}{12} + 102^2 \times 250 \times 580 = 55.6 \times 10^8 (\mathrm{mm}^4)$$

$$I_{1y} = \frac{120 \times 580^3}{12} = 12.5 \times 10^8 (\mathrm{mm}^4)$$

$$I_{2y} = \frac{580 \times 250^3}{12} = 7.55 \times 10^8 (\mathrm{mm}^4)$$

（3）计算 I_y 和 I_z，整个截面对 z 轴、y 轴的惯性矩应分别等于两个矩形 z 轴、y 轴的惯性矩之和，即

$$I_z = I_{1z} + I_{2z} = 37.6 \times 10^8 + 55.6 \times 10^8 = 93.2 \times 10^8 (\mathrm{mm}^4)$$

$$I_y = I_{1y} + I_{2y} = 12.5 \times 10^8 + 7.55 \times 10^8 = 20 \times 10^8 (\mathrm{mm}^4)$$

第五节　梁弯曲时的应力及强度计算

为了解决强度问题，就必须先研究梁横截面上的应力分布规律及其计算方法。

一、纯弯曲和横力弯曲

平面弯曲时梁横截面上一般作用有两种内力——剪力 V 和弯矩 M。根据内力和应力之间的基本关系可知，横截面上有弯矩 M 则该截面上一定有正应力 σ，横截面上有剪力 V 则一定有剪应力 τ。

简支梁上的两个外力 F 对称地作用于梁的纵向对称面内，其计算简图、剪力图和弯矩图分别示于图 5-27 中。从图 5-27 中看出，AC 段和 DB 段内，梁的各个横截面上既有弯矩又有剪力，因而在横截面上既有正应力又有剪应力，这种情况称为横力弯曲。CD 段内，梁的各个横截面上剪力等于零，而弯矩为常量，这时在横截面上就只有正应力而无剪应力，这种情况称为纯弯曲。当平面弯曲时，如果某段梁的横截面上只有弯矩而无剪力，这种弯曲称为纯弯曲；如果梁的横截面上既有弯矩又有剪力，则这种弯曲称为横力弯曲。

二、中性层和中性轴

设想梁是由无数纵向纤维组成的。发生纯弯曲变形后，必然要引起靠近底面的纤维伸长，靠近顶面的纤维缩短。因为横截面仍保持为平面，所以沿截面高度应由底面纤维的伸长连续地逐渐变为顶面纤维的缩短，中间必定有一层纤维的长度不变，这一层纤维称为中性层。因此，中性层是梁内既不伸长又不缩短的一层纤维。中性层与横截面的交线称为中性轴，如图 5-28 所示。注意：中性层是对整个梁而言的；中性轴是对某个横截面而言的。中性轴通过横截面的形心，是截面的形心主惯性轴。

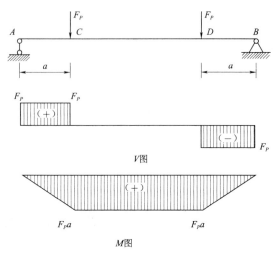

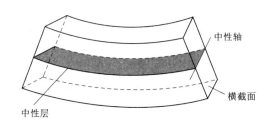

图 5-27 纯弯曲和横力弯曲示意图　　　　图 5-28 中性层和中性轴示意图

三、平面弯曲正应力

（一）弯曲正应力计算公式

利用静力学的平衡方程可以得到梁在弯曲时横截面上正应力的公式，即

$$\sigma = \frac{M \cdot y}{I_z} \qquad (5-11)$$

式中　σ——横截面上某点处的正应力；

$\quad M$——横截面上的弯矩；

$\quad y$——横截面上该点到中性轴距离；

$\quad I_z$——横截面对中性轴 z 的惯性矩。

在使用式（5-11）计算正应力大小时，M、y 可以绝对值代入，求得 σ 的大小，然后根据弯矩方向判定是拉应力还是压应力。

式（5-11）是梁在纯弯曲情况下导出的，但仍适用于横力弯曲的情况。从式（5-11）可知，在横截面上最外边缘 $y = y_{max}$ 处的弯曲正应力最大。

（二）弯曲正应力的正负号

根据弯曲变形判断，即中性轴通过截面形心，将截面分为受压和受拉两个区域，弯矩箭尾所在侧为受拉区，另一侧为受压区。受拉区域点的正应力（拉应力）为正，受压区域点的正应力（压应力）为负。

（三）平面弯曲正应力分布规律

平面弯曲时，正应力沿截面高度的分布规律，以矩形截面为例，如图 5-29 （b）

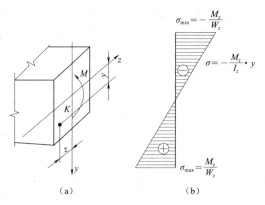

图 5-29 矩形截面平面弯曲正应力分布规律

所示。

讨论：

（1）如果横截面对称于中性轴，例如矩形，以 $y_{\max}$ 表示最外边缘处的一个点到中性轴的距离，则横截面上的最大弯曲正应力为

$$\sigma_{\max}=\frac{My_{\max}}{I_z}$$

令

$$W_z=\frac{I_z}{y_{\max}} \tag{5-12}$$

则

$$\sigma_{\max}=\frac{M}{W_z} \tag{5-13}$$

式中　W_z——横截面对中性轴 z 的抗弯截面模量，单位是长度的三次方，m^3 或 mm^3。

（2）如果横截面不对称于中性轴，则横截面将有两个抗弯截面模量。如果令 y_1 和 y_2 分别表示该横截面上、下边缘到中性轴的距离，则相应的最大弯曲正应力（不考虑符号）分别为

$$\sigma_{\max 1}=\frac{My_1}{I_z}=\frac{M}{W_1}$$

$$\sigma_{\max 2}=\frac{My_2}{I_z}=\frac{M}{W_2} \tag{5-14}$$

其中，抗弯截面模量 W_1 和 W_2 分别为

$$W_1=\frac{I_z}{y_1}$$

$$W_2=\frac{I_z}{y_2} \tag{5-15}$$

四、正应力强度问题

（一）正应力强度条件

一般等截面直梁弯曲时，弯矩最大（包括最大正弯矩和最大负弯矩）的横截面都是梁的危险截面。下面分别讨论各种情况下的弯曲正应力强度条件。

1. 梁的材料的拉伸和压缩许用应力相等

选取绝对值最大的弯矩所在的横截面为危险截面，最大弯曲正应力 $\sigma_{\max}$ 就在危险截面上、下边缘处。为了保证梁能够安全工作，最大工作应力 $\sigma_{\max}$ 就不得超过材料的许用弯曲应力 $[\sigma]$，于是梁弯曲正应力的强度条件为

$$\sigma_{\max}=\frac{M_{z\max}}{I_z} \cdot y_{\max}=\frac{M_{z\max}}{W_z}\leqslant[\sigma] \tag{5-16}$$

其中

$$W_z=\frac{I_z}{y_{\max}} \quad 矩形\ W_z=\frac{bh^2}{6} \quad 圆形\ W_z=\frac{bD^3}{32}$$

2. 梁的横截面不对称于中性轴

由式（5-15）可知，W_1 和 W_2 不相等，在此应取较小的抗弯截面模量。

3. 梁的材料是脆性材料

其拉伸和压缩许用应力不相等，则应分别求出最大正弯矩和最大负弯矩所在横截面上

的最大拉应力和最大压应力，并列出相应的抗拉强度条件和抗压强度条件为

$$\sigma_{t\max}=\frac{M_{\max}}{W_1}\leqslant[\sigma_t]\qquad(5-17)$$

$$\sigma_{c\max}=\frac{M_{\max}}{W_2}\leqslant[\sigma_c]\qquad(5-18)$$

式中　W_1、W_2——相应于最大拉应力 $\sigma_{t\max}$ 和最大压应力 $\sigma_{c\max}$ 的抗弯截面模量；

　　　　$[\sigma_t]$——材料的许用拉应力；

　　　　$[\sigma_c]$——材料的许用压应力。

（二）平面弯曲梁的强度计算

1. 对梁进行强度校核

如果已知梁的荷载，截面形状尺寸以及所用材料，就可校核梁的强度是否足够。

【例 5-13】　一简支木梁，荷载及截面尺寸如图 5-30 所示，木材弯曲许用应力 $[\sigma]=11\mathrm{MPa}$，试校核其强度。

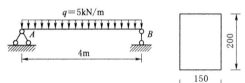

图 5-30　[例 5-13]

解：最大正应力发生在跨中弯矩最大的截面上。

$$M_{\max}=\frac{1}{8}ql^2=\frac{1}{8}\times5\times4^2=10(\mathrm{kN\cdot m})$$

抗弯截面模量为

$$W_z=\frac{1}{6}bh^2=\frac{1}{6}\times150\times200^2=1\times10^6(\mathrm{mm}^3)$$

最大正应力为

$$\sigma_{\max}=\frac{M_{\max}}{W_z}=\frac{10\times10^6}{1\times10^6}=10(\mathrm{MPa})<11\mathrm{MPa}$$

强度满足要求。

2. 选择梁的截面形状和尺寸

如果已知梁的荷载和材料的许用弯曲应力，欲设计梁的截面时，则由式（5-16）先求出梁应有的抗弯截面模量 $W_z\geqslant\dfrac{M_{\max}}{[\sigma]}$，然后选择适当的截面形状，计算所需要的截面尺寸；如采用型钢，可由型钢规格表直接查得型钢的型号。型钢的截面抗弯截面模量要尽可能接近于按公式 $W_z\geqslant\dfrac{M_{\max}}{[\sigma]}$ 算出的结果。

【例 5-14】　图 5-31（a）所示由工字钢制成的外伸梁，其许用弯曲正应力为 $[\sigma]=160\mathrm{MPa}$，试选择工字钢的型号。

解：（1）作梁的弯矩图，如图 5-33（b）所示。梁所承受的最大弯矩在 B 截面上，其值为

$$M_{\max}=60\mathrm{kN\cdot m}$$

（2）由正应力强度条件得梁所必需的抗弯截面模量 W_z 为

$$W_z\geqslant\frac{M_{\max}}{[\sigma]}=\frac{60\times10^3}{160}=375000(\mathrm{mm}^3)=375\mathrm{cm}^3$$

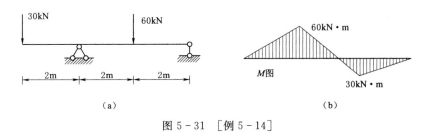

图 5 - 31　［例 5 - 14］

（3）由型钢规格表可查得 25a 工字钢的弯曲截面模量为 $402cm^3 > 375cm^3$，故可选用 25a 工字钢。

3. 确定梁的许用荷载

如果已知梁的截面尺寸和材料的许用弯曲应力，就可计算该梁所能承受的最大许用荷载。为此，先按式（5-17）或式（5-18）求出最大许用弯矩 $M_{max} = W_z[\sigma]$，然后按这个数值算出许用荷载的大小。

【例 5 - 15】　简支梁的跨度 $l = 9.5m$（图 5 - 32），梁是由 25a 工字钢制成。其自重 $q = 373.38N/m$，抗弯截面模量 $W_x = 401.9cm^3$。外荷载为 F_1 和 F_2，F_1 为移动荷载，$F_2 = 3kN$，作用在梁中点，材料为 A_3 钢，许用弯曲应力为 $[\sigma] = 150MPa$。考虑梁的自重，试求此梁能承受的最大外荷载 F_1 为多少？

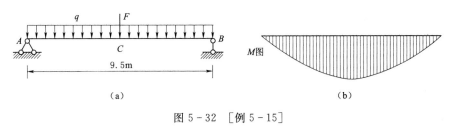

图 5 - 32　［例 5 - 15］

解： 外荷载 F_1 位于梁跨中点时，该点横截面所产生的弯矩最大。梁所受的荷载为集中力 $F = F_1 + F_2 = (F_1 + 3)kN$，均布荷载 $q = 373.38N/m$，弯矩图如图 5 - 32（b）所示。

最大弯矩为
$$M_{max} = \frac{Fl}{4} + \frac{ql^2}{8}$$

根据强度条件
$$M_{max} = W_z[\sigma]$$

有
$$\frac{Fl}{4} + \frac{ql^2}{8} = W_z[\sigma]$$

$$F = \frac{\left(W_z[\sigma] - \frac{ql^2}{8}\right) \times 4}{l}$$

$$= \frac{401.9 \times 10^3 \times 150 - \dfrac{373.38 \times 10^{-3} \times (9.5 \times 10^3)^2}{8}}{9.5 \times 10^3}$$

$$= 23.6 \times 10^3 (N)$$

即 $F = 23.6kN$。由此求得梁所能承受的最大外荷载 $F_1 = 23.6 - 3 = 20.6(kN)$。

（三）平面弯曲梁的合理截面

设计梁时，一方面要保证梁具有足够的强度，使梁在荷载作用下能安全的工作；另一方面应使设计的梁能充分发挥材料的潜力，以节省材料，这就需要选择合理的截面形状和尺寸。

梁的强度一般是由横截面上的最大正应力控制的。当弯矩一定时，横截面上的最大正应力 σ_{max} 与抗弯截面模量 W_z 成反比，W_z 越大就越有利。而 W_z 的大小是与截面的面积及形状有关，合理的截面形状是在截面面积 A 相同的条件下，有较大的抗弯截面模量 W_z，也就是说比值 W_z/A 大的截面形状合理。由于在一般截面中，W_z 与其高度的平方成正比，所以尽可能地使横截面面积分布在距中性轴较远的地方，这样在截面面积一定的情况下可以得到尽可能大的抗弯截面模量 W_z，而使最大正应力 σ_{max} 减少，或者在抗弯截面模量 W_z 一定的情况下，减少截面面积以节省材料和减轻自重。所以，工字形、槽形截面比矩形截面合理、矩形截面立放比平放合理、正方形截面比圆形截面合理。

梁的截面形状的合理性。也可以从正应力分布的角度来说明。梁弯曲时，正应力沿截面高度呈直线分布，在中性轴附近正应力很小，这部分材料没有充分发挥作用。如果将中性轴附近的材料尽可能减少，而把大部分材料布置在距中性轴较远的位置处，则材料就能充分发挥作用，截面形状就显得合理。所以，工程上常采用工字形、圆环形、箱形（图 5-33）等截面形式。工程中常用的空心板、薄腹梁等就是根据这个道理设计的。

此外，对于用铸铁等脆性材料制成的梁，由于材料的抗压强度比抗拉强度大得多，所以，宜采用 T 形等对中性轴不对称的截面，并将其翼缘部分置于受拉侧（图 5-34）。为了充分发挥材料的潜力，应使最大拉应力和最大压应力同时达到材料相应的许用应力。

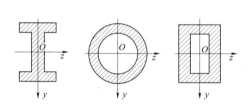

图 5-33　梁截面的不同形状

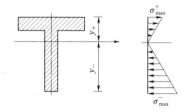

图 5-34　T 形截面梁正应力分布规律

五、剪应力强度计算

（1）剪应力计算公式：

$$\tau = \frac{VS_z^*}{I_z b} \tag{5-19}$$

式中　S_z^*——所求应力点处水平线一侧部分截面对中性轴的静矩。

$S_z^* = A^* \cdot y^*$ 即 A^* 对中性轴的静矩。

（2）工程上常见的几种截面图形的剪应力沿截面高度分布规律近似计算式。

1）矩形截面（图 5-35）：

$$\tau_{max} = \frac{3V}{2A}$$

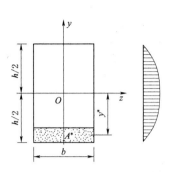

图 5-35　矩形截面剪应力分布规律

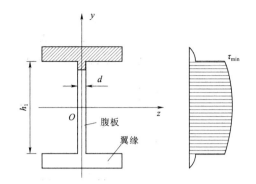

图 5-36　工字形截面剪应力分布规律

2）工字形截面（图 5-36）：

$$\tau_{max} = \frac{V}{h_1 d}$$

式中　h_1——腹板的高度；

　　　d——腹板的宽度。

3）实心圆截面（图 5-37）：

$$\tau_{max} \approx \frac{4V}{3A}$$

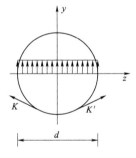

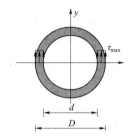

图 5-37　实心圆截面剪应力分布规律　　图 5-38　空心圆截面剪应力分布规律

4）空心圆截面（图 5-38）：

$$\tau_{max} \approx \frac{2V}{A}$$

其中

$$A = \frac{\pi D^2}{4} - \frac{\pi d^2}{4}$$

（3）剪应力强度条件：

$$\tau_{max} = \frac{V_{max} S_{z\,max}^*}{I_z b} \leqslant [\tau] \tag{5-20}$$

【例 5-16】　如图 5-39 所示简支梁，已知 $[\sigma] = 160 MPa$、$[\tau] = 100 MPa$，试选择适用的工字钢型号。

解：（1）作 V 图、M 图。

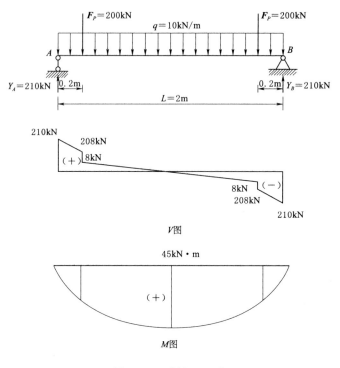

图 5 - 39 ［例 5 - 16］

（2）按正应力强度选择工字钢型号。

$$W_z = \frac{M_{max}}{[\sigma]} = \frac{45 \times 10^3}{160 \times 10^6} = 281 \times 10^{-6} (m^3) = 281 cm^3$$

查表：$W_x = 309 cm^3$，即选用 22a 工字钢。

（3）剪应力强度校核。

查 $I_x : S_x$，得 $\qquad \frac{I_x}{S_x} = 18.9 cm，d = 0.75 cm$

由 V 图知 $V_{max} = 210 kN$ 代入剪应力强度条件：

$$\tau_{max} = \frac{210 \times 10^3}{18.9 \times 10 \times 0.75 \times 10} = 148.1 (MPa) > [\tau]$$

由此校核可见：τ_{max} 超过 $[\tau]$ 很多。应重新设计截面。

（4）按剪应力强度选择工字钢型号。

现以 25b 工字钢进行试算。由表查处：

$$\frac{I_x}{S_x} = 21.27 cm，d = 1 cm，\tau_{max} = \frac{210 \times 10^3}{21.27 \times 10 \times 10} = 98.7 (MPa) < [\tau]$$

（5）结论：要同时满足正应力和剪应力强度条件，应选用型号为 25b 的工字钢。

本 章 小 结

1. 基本概念

平面弯曲：梁的弯曲平面与外力作用平面相重合的弯曲称为平面弯曲。

叠加原理：当梁在外力作用下的变形微小时，梁上若干外力对某一截面引起的内力等于各个力单独作用下对该截面引起的内力的代数和，这就是叠加原理。

叠加原理应用的前提条件：小变形假设。

中性层：梁内既不伸长又不缩短的一层纤维称为中性层。

中性轴：中性层与横截面的交线称为中性轴。

2. 研究绘制剪力图和弯矩图的三种方法

（1）利用剪力方程和弯矩方程绘制剪力图和弯矩图。

（2）用载荷集度、剪力和弯矩间的微分关系绘制剪力图和弯矩图。

（3）叠加法绘制剪力图和弯矩图。

3. 平面图形的几何性质

（1）形心坐标
$$y_C = \frac{\sum A_i \cdot y_i}{\sum A_i} \quad z_C = \frac{\sum A_i \cdot z_i}{\sum A_i}$$

（2）静矩
$$\left.\begin{array}{l} S_z = \sum A_i \cdot y_{Ci} \\ S_y = \sum A_i \cdot z_{Ci} \end{array}\right\}$$

（3）惯性矩
$$\begin{cases} I_z = \int_A y^2 \, \mathrm{d}A \\ I_y = \int_A z^2 \, \mathrm{d}A \end{cases}$$

（4）平行移轴公式
$$I_{z1} = I_z + a^2 A \quad I_{y1} = I_y + b^2 A$$

（5）惯性半径
$$i_z = \sqrt{\frac{I_z}{A}}$$

4. 梁的应力计算公式

正应力计算公式
$$\sigma = \frac{M}{I_z} \cdot y$$

剪应力计算公式
$$\tau = \frac{V S_z^*}{I_z b}$$

5. 梁的强度计算公式

正应力强度条件：
$$\sigma_{\max} = \frac{M_{z\max}}{I_z} \cdot y_{\max} = \frac{M_{z\max}}{W_z} \leqslant [\sigma]$$

剪应力强度条件：
$$\tau_{\max} = \frac{V_{\max} S_{z\max}^*}{I_z b} \leqslant [\tau]$$

6. 基本能力

求梁的内力：熟练应用截面法求内力，能够正确确定剪力和弯矩的正负号。

内力方程法画梁的内力图：正确列出剪力方程和弯矩方程，根据剪力方程和弯矩方的性质判断内力图形状，描点画图。

利用微分关系画梁的内力图：正确计算关键截面内力，然后根据微分关系描图。

叠加法绘梁的内力图：先分别作出各个荷载单独作用下的弯矩图，然后叠加。

复 习 思 考 题

1. 什么是梁的平面弯曲？
2. 梁的内力有哪些？如何计算？
3. 梁的剪力与弯矩正负号是如何规定的？
4. M、V、q 之间的微分关系是什么？梁的内力图有什么规律？
5. 应用叠加法绘制弯矩图的前提条件是什么？
6. 什么是梁的中性层？什么是梁的中性轴？如何确定梁的中性轴的位置？
7. 梁的正应力在正截面上是如何分布的？

习 题

5-1 用截面法求如题 5-1 图所示各梁指定截面上的内力。

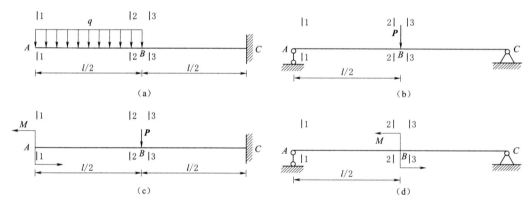

题 5-1 图

5-2 列出如题 5-2 图所示各梁的剪力方程和弯矩方程。

5-3 应用内力图的规律直接绘出如题 5-3 图所示梁的剪力图和弯矩图。

5-4 简支梁如题 5-4 图所示，已知 $P=6$kN，试求其截面 B 上的 a、b、c 上三点处正应力。

5-5 一矩形截面梁如题 5-5 图所示。已知 $b=2$m，梁的许用拉应力 $[\sigma_t]=30$MPa，许用压应力 $[\sigma_c]=90$MPa。试求此梁许可荷载 $[P]$。

5-6 如题 5-6 图所示外伸梁，由工字钢 20b 制成，已知 $l=6$m，$P=30$kN，$q=6$kN/m，材料的容许应力 6。$[\sigma]=160$MPa，许用剪应力 $[\tau]=90$MPa。试校核此梁强度。

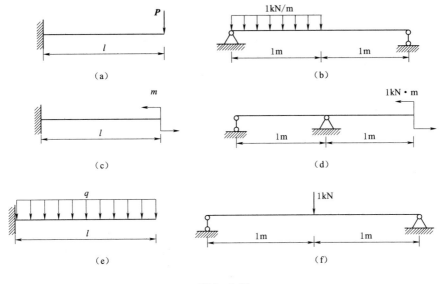

（a）　　　　　　　　　　（b）

（c）　　　　　　　　　　（d）

（e）　　　　　　　　　　（f）

题 5-2 图

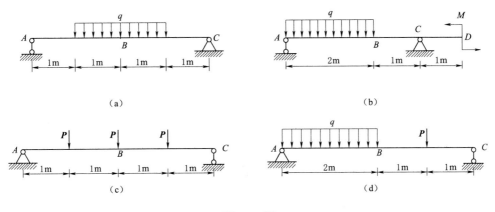

（a）　　　　　　　　　　（b）

（c）　　　　　　　　　　（d）

题 5-3 图

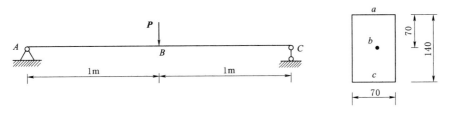

题 5-4 图

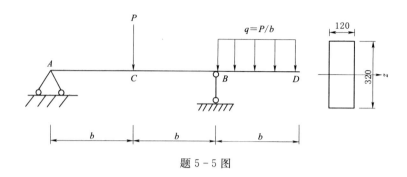

题 5 - 5 图

5 - 7 一圆形截面木梁，承受荷载如题 5 - 7 图所示，已知 $l = 3\mathrm{m}$，$F = 3\mathrm{kN}$，$q = 3\mathrm{kN/m}$，木材的许用应力 $[\sigma] = 10\mathrm{MPa}$，试选择圆木的直径 d。

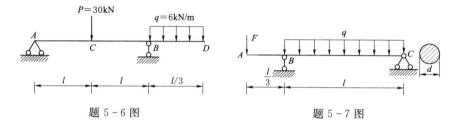

题 5 - 6 图   题 5 - 7 图

5 - 8 试求如题 5 - 8 图所示平面图形对形心轴的惯性矩。

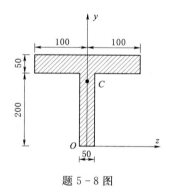

题 5 - 8 图

第六章 静定结构的内力与内力图

【能力目标、知识目标】

通过本章的学习，培养学生能正确进行静定结构的内力计算。为学生熟练应用建筑力学知识进行结构荷载效应的计算奠定基础。

【学习要求】

（1）掌握静定单跨梁、静定多跨连续梁的内力计算及内力图作法。

（2）掌握静定刚架的内力计算及内力图作法。

（3）掌握简单桁架的内力计算及内力图作法。

第一节 多跨静定梁的内力和内力图

多跨静定梁是由几根梁用铰相连，并于基础相连而组成的静定结构，图 6-1（a）为一用于公路桥的多跨静定梁，图 6-1（b）为其计算简图。

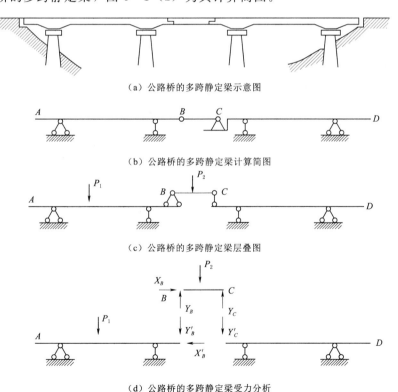

（a）公路桥的多跨静定梁示意图

（b）公路桥的多跨静定梁计算简图

（c）公路桥的多跨静定梁层叠图

（d）公路桥的多跨静定梁受力分析

图 6-1 多跨静定梁示意图

从几何组成上看，多跨静定梁可以分为基本部分和附属部分。如图 6-1 所示的多跨静定梁，其中 *AB* 部分与 *CD* 部分均不依赖其他部分可独立地保持其几何不变性，我们称为基本部分。而 *BC* 部分则必需依赖基本部分才能维持其几何不变性，因此称为附属部分。

为更清晰地表明各部分间的支承关系，可以把基本部分画在下层，而把附属部分画在上层，如图 6-1 (c) 所示，称为层叠图。

从受力分析来看，当荷载作用于基本部分上时，将只有基本部分受力，附属部分不受力。当荷载作用于附属部分上时，不仅附属部分受力，而且附属部分的支承反力将反向作用于基本部分上，因此基本部分也受力。由上述关系所知，在计算多跨静定梁时，应先求解附属部分的内力和反力，然后求解基本部分的内力的反力。可简便地称为：先附属部分，后基本部分。而每一部分的内力、反力计算与相应的单跨梁计算完全相同。

【例 6-1】 试作图 6-2 (a) 所示多跨梁的内力图，并求出 *C* 支座反力。

解： 由几何组成分析可知，*AB* 为基本部分，*BCD*、*DEF* 均为附属部分，求解顺序为先 *DEF*，后 *BCD*，再 *AB*。画出层次图如图 6-2 (b) 所示。

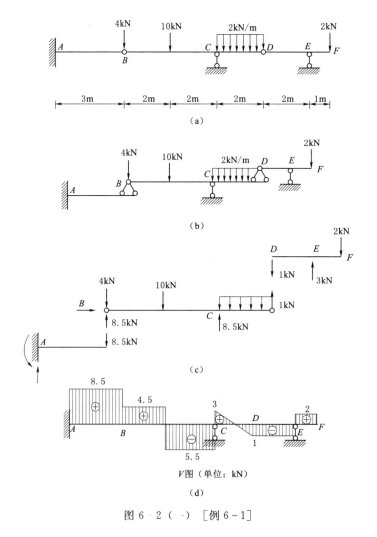

图 6-2 (·) [例 6-1]

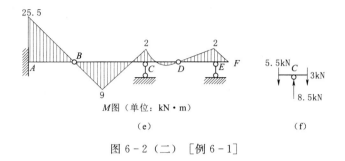

图 6-2（二） ［例 6-1］

按顺序先求出各区段支承反力，标示于图 6-2（c）中，然后按上述方法逐段作出梁的剪力图和弯矩图，如图 6-2（d）、（e）所示。

C 支座反力，可由图 6-2（c）直接得到；另一种求 C 支座反力的方法，可取接点 C 为脱离体，如图 6-2（f）所示，由 $\sum Y=0$，可得

$$Y_c=5.5+3=8.5(\text{kN})$$

第二节　静定平面刚架的内力和内力图

刚架是由直杆组成的具有刚接点的结构。各杆轴线和外力作用线在同一平面内的刚架称为平面刚架。刚架整体性好，内力较均匀，杆件较少，内部空间较大，所以在工程中得到广泛应用。

静定平面刚架常见的形式有悬臂刚架、简支刚架及三铰刚架等，分别如图 6-3～图 6-5 所示。

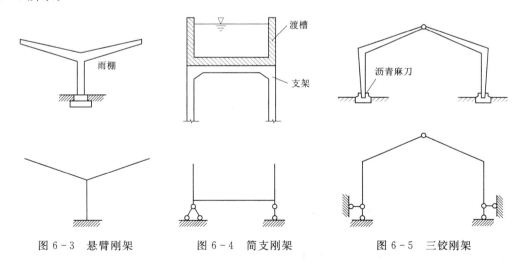

图 6-3　悬臂刚架　　　　图 6-4　简支刚架　　　　图 6-5　三铰刚架

从力学角度看，刚架可看作由梁式杆件通过刚性接点联结而成。因此，刚架的内力计算和内力图绘制方法基本上与梁相同。但在梁中内力一般只有弯矩和剪力，而在刚架中除弯矩和剪力外，尚有轴力。剪力和轴力正负号规定与梁相同，剪力图和轴力图可以绘在杆件的任一侧，但必须注明正、负号。刚架中，杆件的弯矩通常不规定正、负，计算时可任

意假设一侧受拉为正，根据计算结果来确定受拉的一侧，弯矩图绘在杆件受拉边而不注正、负号。

静定刚架计算时，一般先求出支座反力，然后求各控制截面的内力，再将各杆内力画竖标、联线即得最后内力图。

悬臂式刚架可以先不求支座反力，从悬臂端开始依次截取至控制面的杆段为脱离体，求控制截面内力。

简支式刚架可由整体平衡条件求出支座反力，从支座开始依次截取至控制截面的杆段为脱离体，求控制截面内力。

三铰刚架有四个未知支座反力，由整体平衡条件可求出两个竖向反力，再取半跨刚架，对中间铰接点处列出力矩平衡方程，即可求出水平支座反力，然后求解各控制截面的内力。当刚架系由基本部分与附臂部分组成时，亦遵循先附属部分后基本部分的顺序计算。

为明确地表示刚架上的不同截面的内力，尤其是区分汇交于同一接点的各杆截面的内力，一般在内力符号右下角引用两个角标：第一个表示内力所属截面，第二个表示该截面所属杆件的远端。例如，M_{AB} 表示 AB 杆 A 端截面的弯矩，V_{CA} 表示 AC 杆 C 端截面的剪力。

【例 6-2】 求图 6-6（a）所示悬臂刚架的内力图。

解： 此刚架为悬臂刚架，可不必先求支座反力。

取 BC 为脱离体，如图 6-6（b）所示，列平衡方程：

$\sum X = 0$：$\qquad\qquad\qquad\qquad N_{BC} = 0$

$\sum Y = 0$：$\qquad\qquad\qquad\quad V_{BC} = -5 \times 2 = -10(\text{kN})$

$\sum M_B = 0$：$\qquad\quad M_{BC} = 5 \times 2 \times 1 = 10(\text{kN} \cdot \text{m})$（上侧受拉）

取 BD 为脱离体，如图 6-6（c）所示，列平衡方程：

$\sum X = 0$：$\qquad\qquad\qquad\qquad N_{BD} = 0$

$\sum Y = 0$：$\qquad\qquad\qquad\quad V_{BD} = 10\text{kN}$

$\sum M_B = 0$：$\qquad\quad M_{BD} = 10 \times 2 = 20(\text{kN} \cdot \text{m})$（上侧受拉）

取 CBD 为脱离体，如图 6-6（d）所示，列平衡方程：

$\sum X = 0$：$\qquad\qquad\qquad\qquad V_{BA} = 0$

$\sum Y = 0$：$\qquad\qquad\quad N_{BA} = -5 \times 2 - 10 = -20(\text{kN})$

$\sum M_B = 0$：$\quad M_{BA} = 5 \times 2 \times 1 - 10 \times 2 = -10(\text{kN} \cdot \text{m})$（左侧受拉）

将上述内力绘图即可得弯矩图、剪力图、轴力图如图 6-6（e）、（f）、（g）所示。

将 B 接点进行弯矩、剪力、轴力的校核，如图 6-6（h）、（i），可知弯矩、剪力、轴力均满足平衡条件。

【例 6-3】 求图 6-7（a）所示刚架的内力图。

解：（1）求支座反力。此刚架为简支式刚架，考虑整体平衡，可得

$\sum X = 0$：$\qquad\qquad\qquad X_A = 4 \times 8 = 32(\text{kN})$

$\sum M_A = 0$：$\quad 4 \times 8 \times 4 + 10 \times 3 - R_B \times 6 = 0，R_B = 26.3(\text{kN})$（↑）

$\sum Y = 0$：$\qquad\qquad Y_A = R_B - 10 = 26.3 - 10 = 16.3(\text{kN})$（↓）

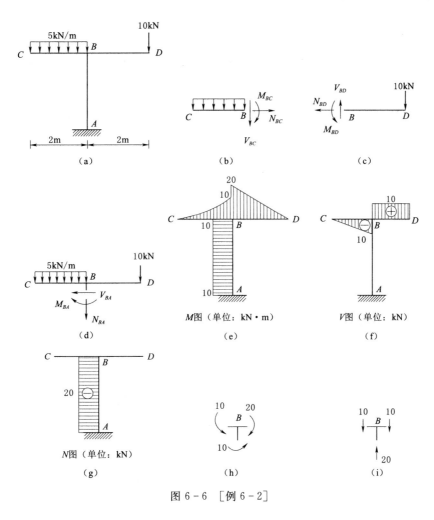

图 6-6 ［例 6-2］

（2）求各控制截面的内力。A、B、C、D、E 均为控制点，其中 C 点汇交了三根杆件，因此该点有三个控制截面，分别取 CD、CB、CA 为脱离体，根据平衡条件即可求出各控制截面的内力如下：

$$M_{CD}=\frac{1}{2}\times4\times4^{2}=32(\text{kN}\cdot\text{m})\quad（左侧受拉）$$

$$V_{CD}=4\times4=16(\text{kN})$$

$$N_{CD}=0$$

$$M_{CB}=26.33\times6-10\times3=128.0(\text{kN}\cdot\text{m})\quad（下侧受拉）$$

$$V_{CB}=26.3-10=16.3(\text{kN})$$

$$N_{CB}=0$$

$$M_{CA}=32\times4-4\times4\times2=96(\text{kN}\cdot\text{m})\quad（右侧受拉）$$

$$V_{CA}=32-4\times4=16(\text{kN})$$

$$N_{CA}=16.3\text{kN}$$

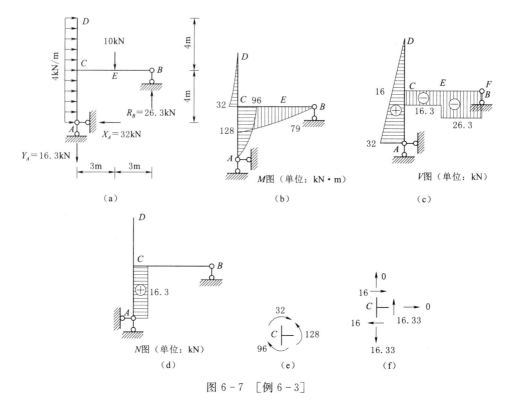

图 6-7　[例 6-3]

（3）绘内力图。CD 杆为一悬臂杆，其内力图可按悬臂梁绘出。

AC 杆和 CB 杆均可先绘出 CA 截面和 CB 截面的竖标，再根据叠加法即可绘出 M 图，如图 6-7（b）所示。

剪力图可根据各支座反力求出杆件近支座端的剪力，然后与已求出的控制截面剪力连线绘图。轴力图也可同理绘出，如图 6-7（c）、（d）所示。

（4）校核。内力图作出后应该进行校核。对弯矩图，通常是检查刚接点处是否满足力矩平衡条件。例如，取 C 接点为脱离体，图 6-7（e）有

$$\sum M_C = 32 - 128 + 96 = 0$$

可见，接点 C 满足弯矩平衡条件。

为校核剪力和轴力是否正确，可取刚架的任何部分为脱离体，检验 $\sum X = 0$ 和 $\sum Y = 0$ 是否满足。例如取 C 接点为脱离体，图 6-7（f）有

$$\sum X = 16 - 16 = 0$$

和

$$\sum Y = 16.33 - 16.33 = 0$$

故知，此接点投影平衡条件无误。

【例 6-4】 试作图 6-8（a）所示三铰刚架的内力图。

解：（1）求支座反力。由整体平衡条件，可知

$\sum M_A = 0$：　　$1 \times 6 \times 3 + 10 \times 4 - Y_B \times 8 = 0$，　　$Y_B = 7.25$（kN）（↑）

$\sum Y = 0$：　　　　　　$Y_A = 10 - Y_B = 10 - 7.25 = 2.75$（kN）（↑）

$\sum X = 0$：　　　　　　$X_A + 1 \times 6 - X_B = 0$，　　$X_A = X_B - 6$

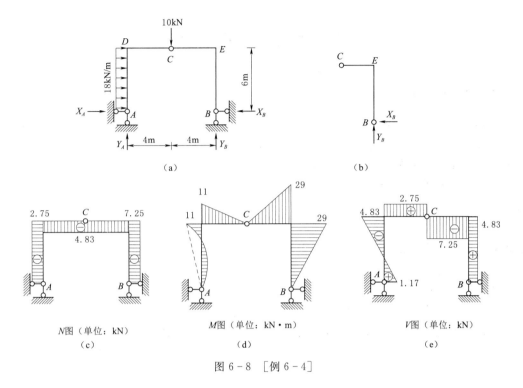

图 6 - 8 ［例 6 - 4］

再取 CB 为脱离体如图 6 - 8（b）所示，由 $\sum M_C = 0$，得

$$X_B \times 6 - Y_B \times 4 = 0 \quad X_B = \frac{Y_B \times 4}{6} = \frac{7.25 \times 4}{6} = 4.83 (\text{kN})$$

$$X_A = X_B - 6 = 4.83 - 6 = -1.17 (\text{kN})$$

（2）求 D、E 各控制截面的内力如下：

$$M_{DA} = 1 \times 6 \times 3 - 1.17 \times 6 = 11 (\text{kN} \cdot \text{m})（左侧受拉）$$

$$V_{DA} = -1 \times 6 - (-1.17) = -4.83 (\text{kN})$$

$$N_{DA} = -Y_A = -2.75 (\text{kN})$$

$$M_{DC} = 11 \text{kN} \cdot \text{m}（上侧受拉）$$

$$V_{DC} = Y_A = 2.75 \text{kN}$$

$$N_{DC} = -1 \times 6 + 1.17 = -4.83 (\text{kN})$$

$$M_{EB} = X_B \times 6 = 4.83 \times 6 = 29 (\text{kN} \cdot \text{m})（右侧受拉）$$

$$V_{EB} = X_B = 4.83 \text{kN}$$

$$N_{EB} = -Y_B = -7.25 \text{kN}$$

$$M_{EC} = X_B \times 6 = 4.83 \times 6 = 29 (\text{kN} \cdot \text{m})（右侧受拉）$$

$$V_{EC} = -Y_B = -7.25 \text{kN}$$

$$N_{EC} = -X_B = -4.83 \text{kN}$$

根据以上截面内力，用叠加法即可绘出刚架的轴力图、弯矩图、剪力图分别如图 6 - 8（c）、（d）、（e）所示。

<h1 style="text-align:center">第三节　静定平面桁架的内力</h1>

一、桁架的特点

梁和刚架结构的主要内力是弯矩，由弯矩引起的杆件截面上的正应力是不均匀的，在截面上受压区与受拉区边缘的正应力最大，而靠近中性轴上的应力较小，这就造成中性轴附近的材料不能被充分利用。而桁架结构是由很多杆件通过铰结点连接而成的结构，各个杆件内主要受到轴力的作用，截面上应力分布较为均匀，因此其受力较合理。工业建筑及大跨度民用建筑中的屋架、托架、檩条等常常采用桁架结构。

在实际结构中，桁架的受力情况较为复杂，为简化计算，同时又不至于与实际结构产生较大的误差，桁架的计算简图常常采用下列假定：

（1）连接杆件的各结点，是无任何摩擦的理想铰。

（2）各杆件的轴线都是直线，都在同一平面内，并且都通过铰的中心。

（3）荷载和支座反力都作用在结点上，并位于桁架平面内。

满足上述假定的桁架称为理想桁架，在绘制理想桁架的计算简图时，应以轴线代替各

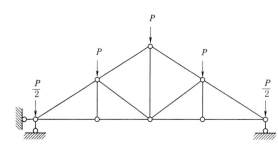

图 6-9　理想桁架的计算简图

杆件，以小圆圈代替铰结点。如图 6-9 所示为一理想桁架的计算简图。

实际桁架的情况并不完全与上述情况相符。例如，钢筋混凝土桁架中各杆端是整浇在一起的，钢桁架是通过结点板焊接或铆接的，在结点处必然存在一定的刚度，其结点并非理想铰。另外各杆件的初始弯曲是不可避免的，由一个结点连接的各杆件轴线并不能都交于一点，杆件自重、风荷载等也并非作用于结点上等，所有这些都会在杆件内产生弯矩和剪力，我们称这些内力为附加内力。理想桁架的内力（只有轴力）叫主内力，由于附加内力的值较小，对杆件的影响也较小，因此桁架的内力分析主要考虑主内力的影响，而忽略附加内力。这样的分析结果符合计算精度的要求。

二、用结点法与截面法计算桁架的内力

计算桁架内力的基本方法仍然是先取隔离体，然后根据平衡方程求解，即为所求内力。当所取隔离体仅包含一个结点时，这种方法叫结点法；当所取隔离体包含两个或两个以上结点时，这种方法叫截面法。

（一）用结点法计算桁架的内力

作用在桁架某一结点上的各力（包括荷载、支座反力、各杆轴力）组成了一个平面汇交力系，根据平衡条件可以对该力系列出两个平衡方程，因此作为隔离体的结点，最多只能包含两个未知力。在实际计算时，可以先从未知力不超过两个的结点计算，求出未知杆

的内力后，再以这些内力为已知条件依次进行相邻结点的计算。

计算时一般先假设杆件内力为拉力，如果计算结果为负值，说明杆件内力为压力。

在桁架中，有时会出现轴力为零的杆件，它们被称为零杆。在计算之前先断定出哪些杆件为零杆，哪些杆件内力相等，可以使后续的计算大大简化。在判别时，可以依照下列规律进行：

（1）对于两杆结点，当没有外力作用于该结点上时，则两杆均为零杆，如图 6 - 10（a）所示；当外力沿其中一杆的方向作用时，该杆内力与外力相等，另一杆为零杆，如图 6 - 10（b）所示。

（2）对于三杆结点，若其中两杆共线，当无外力作用时，则第三杆为零杆，其余两杆内力相等，且内力性质相同（均为拉力或压力），如图 6 - 10（c）所示。

（3）对于四杆结点，当杆件两两共线，且无外力作用时，则共线的各杆内力相等，且性质相同，如图 6 - 10（d）所示。

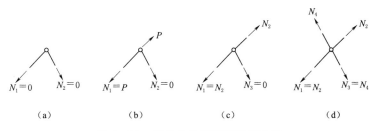

图 6 - 10 桁架中的零杆判断示意图

下面通过例题说明结点法的应用。

【例 6 - 5】 用结点法计算如图 6 - 11（a）所示桁架中各杆的内力。

解：由于桁架和荷载都是对称的，支座反力和相应杆的内力也必然是对称的，所以只需计算半个桁架中各杆的内力即可。

（1）计算支座反力。

$$Y_A = Y_B = \frac{1}{2} \times (3 \times 40 + 2 \times 20) = 80 (\text{kN})$$

（2）计算各杆内力。由于 A 结点只有两个未知力，故先从 A 结点开始计算。

A 结点：如图 6 - 11（b）所示。

$\sum Y = 0$：
$$Y_A - 20 + V_{A4} = 0$$
$$V_{A4} = -60 \text{kN}$$

$$N_{A4} = \frac{\sqrt{3^2 + 6^2}}{3} V_{A4} = -60 \times \sqrt{5} = -134.16 (\text{kN}) (\text{压力})$$

$\sum X = 0$：
$$N_{A1} + H_{A4} = 0$$

$$N_{A1} = -H_{A4} = -\frac{6}{3\sqrt{5}} N_{A4} = \frac{6}{3\sqrt{5}} \times 60 \times \sqrt{5} = 120 (\text{kN}) (\text{拉力})$$

以结点 1 为隔离体，可以断定 14 杆为零杆，$A1$ 杆与 12 杆内力相等，性质相同，即

$$N_{12} = N_{A1} = 120 \text{kN} (\text{拉力})$$

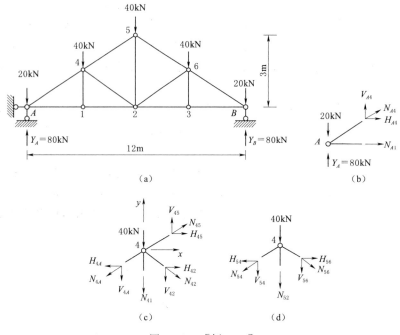

图 6-11 〔例 6-5〕

以结点 4 为隔离体，如图 6-11（c）所示：

$\sum Y = 0$： $V_{45} - P - V_{42} - N_{41} - V_{4A} = 0$

$\sum X = 0$： $H_{45} + H_{42} - H_{4A} = 0$

将 $H_{45} = \dfrac{2}{\sqrt{5}} N_{45}$，$V_{45} = \dfrac{1}{\sqrt{5}} N_{45}$

$$H_{42} = \dfrac{2}{\sqrt{5}} N_{42}，V_{42} = \dfrac{1}{\sqrt{5}} N_{42}$$

$$H_{A4} = \dfrac{2}{\sqrt{5}} N_{A4}，V_{A4} = \dfrac{1}{\sqrt{5}} N_{A4}$$

$$N_{41} = 0$$

代入两式得

$$N_{45} - N_{42} = \dfrac{40 \times 3\sqrt{5}}{3} + (-134.16)$$

$$N_{45} + N_{42} = -131.16$$

联立求解得

$$N_{42} = -44.7 \text{kN（压力）}$$

$$N_{45} = -89.5 \text{kN（压力）}$$

以结点 5 为隔离体，如图 6-11（d）所示。

由于对称性，所以 $N_{56} = N_{54}$

$$\sum Y = 0：V_{54} + V_{56} + N_{52} + 40 = 0$$

$$2V_{54} + N_{52} + 40 = 0$$

$$N_{52} = -40 - 2 \times \frac{1}{\sqrt{5}} \times (-89.5) = 40 (\text{kN}) (\text{拉力})$$

（3）校核。以结点 6 为隔离体进行校核，可以满足平衡方程。

（二）用截面法计算桁架各杆的内力

用一假想截面将桁架分为两部分，其中任一部分桁架上的各力（包括外荷载、支座反力、各截断杆件的内力），组成一个平衡的平面一般力系，根据平衡条件，对该力系列出平衡方程，即可求解被截断杆件的内力。利用截面法计算桁架中各杆件内力时，最多可以列出两个投影方程和一个力矩方程，即

$$\sum X = 0$$

$$\sum Y = 0$$

$$\sum M = 0$$

所以在用截面法计算桁架内力时，在所有被截断的杆件中，应包含最多不超过三根未知内力的杆件。

有些特殊情况下，某些个别杆件的内力可以通过单个的平衡方程直接求解。

【例 6-6】　如图 6-12（a）所示的平行弦桁架，试求 a、b 杆的内力。

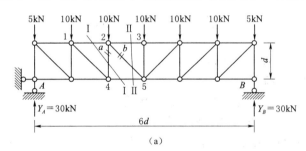

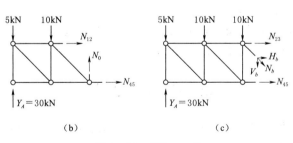

图 6-12　［例 6-6］

解：（1）求支座反力。$\sum Y = 0$：

$$Y_A = Y_B = \frac{1}{2} \times (2 \times 5 + 5 \times 10) = 30 (\text{kN})$$

（2）求 a 杆内力。作 I—I 截面将 12 杆、a 杆、45 杆截断，如图 6-12（a）所示，并取左半跨为隔离体，如图 6-12（b）所示，由于上、下弦平行，故 $\sum Y = 0$：

$$N_a + Y_A - 5 - 10 = 0$$

$$N_a = 5 + 10 - 30 = -15 \text{(kN)}（压力）$$

（3）求 b 杆内力。作 Ⅱ—Ⅱ 截面将 23 杆、b 杆、45 杆截断，如图 6-12（a）所示，并取左半跨为隔离体，如图 6-12（c）所示，$\sum Y = 0$，计算如下：

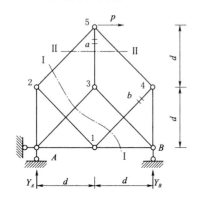

图 6-13　结点法和截面法联合
应用示意图

$$Y_A - V_b - 5 - 10 - 10 = 0$$
$$V_b = 30 - 5 - 10 - 10 = 5 \text{kN}$$

根据 N_b 与其竖向分量 V_b 的比例关系，可以求得

$$N_b = \sqrt{2} V_b = 7.07 \text{(kN)}（拉力）$$

（三）结点法与截面法的联合应用

对于一些简单桁架，单独使用结点法或截面法求解各杆内力是可行的，但是对于一些复杂桁架，将结点法和截面法联合起来使用则更方便。如果图 6-13 只用截面法计算，也需要解联立方程。为简化计算，可以先作 Ⅰ—Ⅰ 截面，如图 6-13 所示，取右半部分为隔离体，由于被截的四杆中，有三杆平行，故可先求 1B 杆的内力，然后以 B 结点为隔离体，可较方便地求出 3B 杆的内力，再以 3 结点为隔离体，即可求得 a 杆的内力。

本　章　小　结

本章介绍了静定结构的内力计算。

（1）静定结构的内力特征。

连续梁和刚架截面上一般都有弯矩、剪力和轴力。

桁架中的各杆都是二力杆，它只承受轴力作用。

组合结构中的链杆只承受轴力作用；梁式杆截面上一般有弯矩、剪力和轴力。

（2）静定结构的内力计算。

对各种静定结构，虽然结构形式不同，但内力计算方法相同，即都是利用静力平衡方程先计算支座反力，再计算其任意截面的内力。

复　习　思　考　题

1. 当荷载作用在多跨静定梁的基本部分上时，附属部分为什么不受力？

2. 桁架计算中的基本假定，各起了什么样的简化作用？

3. 在刚架接点处，各杆内力有什么特殊性质？作刚架各杆内力图时有什么规定？

4. 在某一荷载作用下，静定桁架中若存在零力杆，则表示该杆不受力，是否可以将其拆除？

习　　题

6-1　试作题 6-1 图所示多跨静定梁的 M 和 V 图。

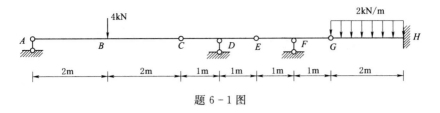

题 6-1 图

6-2 作题 6-2 图所示刚架的 M、V、N 图。

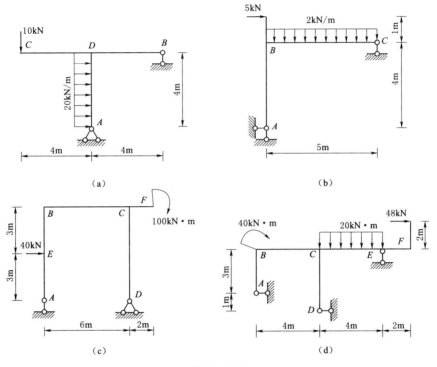

题 6-2 图

6-3 指出题 6-3 图中桁架中的零力杆,并求指定杆的内力。

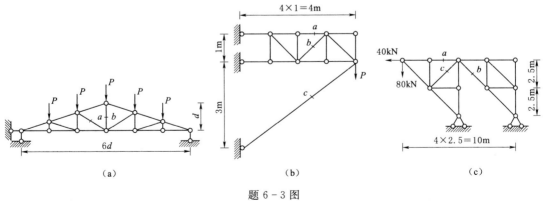

题 6-3 图

第七章　建筑结构设计原理简介

【能力目标、知识目标】

能力目标：根据工程结构可靠性设计标准的规定，学会荷载效应基本组合值、标准组合值、准永久组合值的计算。

知识目标：掌握建筑结构的分类（含混凝土结构、砌体结构、钢结构的概念和优缺点）；了解建筑结构的发展和建筑结构设计规范；掌握结构构件承载力极限状态和正常使用极限状态的设计表达式及表达式中各符号所代表的含义；熟悉耐久性设计。

【学习要求】

知 识 要 点	能 力 要 求	相 关 知 识
建筑结构的分类	掌握建筑结构的概念与分类	砌体结构、混凝土结构、钢结构的概念、分类及优缺点
建筑结构的功能要求、极限状态、荷载效应、结构抗力	能理解建筑结构的功能要求、极限状态、荷载效应、结构抗力的概念	结构设计标准中的相关专业名词
结构构件承载力极限状态和正常使用极限状态	能熟练使用承载力极限状态和正常使用极限状态的设计表达式	表达式中各符号的含义
荷载效应基本组合值、标准值和准永久组合值的计算	能进行内力组合值的计算	永久荷载、可变荷载等的计算方法
混凝土结构耐久性规定	熟悉耐久性规定	混凝土结构的使用年限、使用环境等

第一节　建筑结构的分类

建筑结构按承重结构所用的材料不同，主要分为木结构、砌体结构、混凝土结构、钢结构。由于木结构现在用得越来越少，本书不再进行讲述，主要讲解其他 3 种结构及其构件。

1. 砌体结构

由块材和铺砌的砂浆黏结而成的材料称为砌体，由砌体砌筑的结构称砌体结构。因砌体强度较低，故在建筑物中适宜将砌体用作承重墙、柱、过梁等受压构件。因块体有石、砖和砌块，故而砌体结构又可分为石结构、砖结构和砌块结构。

（1）砌体结构的优点。

1）容易就地取材。砖主要用黏土烧制；石材的原料是天然石；砌块可以用工业废料制作，来源方便，价格低廉。

2）砖、石、砌块、砌体具有良好的耐火性和较好的耐久性。

3）砌体砌筑时不需要模板和特殊的施工设备。在寒冷地区，冬季可用冻结法砌筑，不需特殊的保温措施。

4）砖墙和砌块墙体能够隔热和保温，所以既是较好的承重结构，也是较好的围护结构。

（2）砌体结构的缺点。

1）与钢和混凝土相比，砌体的强度较低，因而构件的截面尺寸较大，材料用量多，自重大。

2）砌体的砌筑基本上是手工方式，施工劳动量大。

3）砌体的抗拉和抗剪强度都很低，因而抗震性能较差，在使用上受到一定限制；砖、石的抗压强度也不能充分发挥。

4）黏土砖需用黏土制造，因此在某些地区过多占用农田，影响农业生产。

2. 混凝土结构

主要以混凝土为材料组成的结构称为混凝土结构。混凝土结构包括素混凝土结构、钢筋混凝土结构和预应力混凝土结构。素混凝土结构是指无筋或不配受力钢筋的混凝土结构，在建筑工程中一般用作基础垫层和室外草坪，素混凝土构件主要用于受压构件，素混凝土受弯构件仅允许用于卧置在地基上及不承受活荷载的情况；钢筋混凝土结构是指配置受力普通钢筋的混凝土结构；预应力混凝土结构是指配置受力预应力筋，通过张拉或其他方法建立预应力的混凝土结构。其中由钢筋混凝土梁、柱、楼板、基础组成一个承重的骨架，砖墙或砌体只起围护作用的框架结构应用最为广泛，此结构用于多（高）层和大跨度房屋建筑中。

（1）混凝土结构的优点。

1）耐久性好。混凝土强度是随龄期增长的，钢筋被混凝土保护着锈蚀较小，所以只要保护层厚度适当，则混凝土结构的耐久性比较好。若处于侵蚀性的环境时，可以适当选用水泥品种及外加剂，增大保护层厚度，就能满足工程要求。

2）耐火性好。比起容易燃烧的木结构和导热快而且抗高温性能较差的钢结构来讲，混凝土结构的耐火性较好。因为混凝土是不良热导体，遭受火灾时，混凝土起隔热作用，使钢筋不致达到或不致很快达到降低其强度的温度，经验表明，虽然经受了较长时间的燃烧，混凝土常常只损伤表面。对承受高温作用的结构，还可应用耐热混凝土。

3）就地取材。在混凝土结构的组成材料中，用量较大的石子和砂往往容易就地取材，有条件的地方还可以将工业废料制成人工骨料应用，这对材料的供应、运输和土木工程结构的造价都提供了有利的条件。

4）节省保养费。混凝土结构的维修较少，而钢结构和木结构则需要经常保养。

5）节约钢材。混凝土结构合理地应用了材料的性能，在一般情况下可以代替钢结构，从而能节约刚才、降低造价。

6）可模性。因为新伴和未凝固的混凝土使可塑的，故可以按照不同模板的尺寸和形状浇筑成建筑师设计所需要的构件。

7）刚度大、整体性好。混凝土结构刚度较大，对现浇混凝土结构而言其整体性尤其好，宜用于变形要求小的建筑，也适用于抗震、抗爆结构。

（2）混凝土结构的缺点。

1）普通钢筋混凝土结构自重比钢结构大。自重过大对于大跨度结构、高层建筑结构的抗震都是不利的。

2）混凝土结构的抗裂性较差，在正常使用时往往带裂缝工作。

3）建造较为费工，现浇结构模板需耗用较多的木材，施工受到季节气候条件的限制，补强修复较困难。

4）隔热隔声性能较差等。

3. 钢结构

钢结构主要是指用钢板、热轧型钢、冷加工成型的薄壁型钢和钢管等构件经焊接、铆接或螺栓连接组合而成的结构及以钢索为主材建造的工程结构，如房屋、桥梁等。它是土木工程的主要结构形式之一。目前，钢结构在房屋建筑、地下建筑、桥梁、塔桅和海洋平台中都得到了广泛采用。

（1）钢结构的优点。

1）强度高、重量轻。钢材与其他材料相比，在同样受力条件下，钢结构用材料少、自重轻、便于运输和安装。

2）塑性和韧性好。钢材的塑性好是指钢结构破坏前一般都会产生显著的变形，易于被发现，可及时采取补救措施，避免重大事故发生。钢材的韧性好是指钢结构对动力荷载的适应性强，具有良好的吸能能力，抗震性能优越。

3）材质均匀、物理力学性能可靠。钢材在钢厂生产时，整个过程可严格控制，质量比较稳定；钢材组织均匀，接近于各向同性匀质体；钢材的物理力学特性与工程力学对材料性能所做的基本假定符合较好；钢结构的实际工作性能比较符合目前采用的理论计算结果；钢结构通常是在工厂制作，现场安装，加工制作和安装可严格控制，施工质量有保证。

4）密封性好。钢结构采用焊接连接后可以做到安全密封，能够满足一些气密性和水密性要求较高的高压容器、大型油库、气柜油罐和管道等。

5）制作加工方便、工业化程度高、工期短。在钢结构加工厂制作的构件可运到现场拼装，采用焊接或螺栓连接，安装方便，施工机械化程度高，工期短。

6）抗震性能好，在国内外的历次地震中，钢结构时损坏最轻的结构，已被公认为是抗震设防地区，特别是强震区的最合适结构。

7）具有一定的耐热性。温度在2000℃以内，钢材性质变化很小，因此，钢结构可用于温度不高于2000℃的场合。

8）采用钢结构可大大减少砂石灰的用量，减轻对不可再生资源的破坏。

（2）钢结构的缺点。

1）耐火性差。钢结构耐火性较差，在需要防火时，应采取防火措施。

2）耐腐蚀性差，易锈蚀。

3）钢结构在低温条件下可能发生脆性断裂。

4）钢材价格昂贵。

第二节 建筑结构的功能要求和极限状态

一、建筑结构的功能要求

设计任何建筑物或构筑物时，必须使其在规定的设计使用年限内满足全部功能要求。所谓设计使用年限，是指设计规定的结构或结构构件不需进行大修既可按其预定目的使用的时期。换言之，设计使用年限就是房屋建筑在正常设计、正常施工、正常使用和维护下所应达到的持久年限。

结构的设计使用年限应按表 7-1 采用。

表 7-1　　　　　　　　　结构的设计使用年限分类

类别	设计使用年限/年	示 例
1	5	临时性结构
2	25	易于替换的结构构件
3	50	普通房屋和构筑物
4	100	纪念性建筑和特别重要的建筑结构

建筑结构在规定时间内（设计使用年限）内，在规定条件下（正常设计、正常施工、正常使用和维护），应能满足预定的功能要求包括：

（1）安全性。即要求结构能承受在正常施工和正常使用时可能出现的各种作用，以及在偶然事件发生时及发生以后，仍能保持必须的整体稳定性。

（2）适用性。即要求结构在正常使用时具有良好的工作性能，不出现过大的变形和裂缝。

（3）耐久性。即要求结构在正常维护下具有足够的耐久性能，不发生锈蚀和风化现象。

以上建筑结构的功能要求又统称为结构的可靠性。但在各种随机因素的影响下，结构完成预定功能的能力不能事先确定，只能用概率来描述。为此引入结构可靠度的概念。结构在规定的时间内、在规定的条件下（指正常设计、正常施工、正常使用、正常维护，不包括人为过失），完成预定功能的概率，称为结构的可靠度。结构的可靠度是结构可靠性的一种定量描述。

《建筑结构可靠度设计统一标准》（GB 50068—2001）将我国房屋设计的基准期规定为 50 年。设计基准期是为了确定结构设计所采用的荷载统计参数以及与时间有关的材料性能取值而选用的时间参数，它不等同于设计使用年限。

我国建筑结构的设计方针是安全、适用、经济、美观。一个合理的结构设计，应该使用较少的材料和费用，获得安全、适用和耐久的结构，即结构在满足使用条件的前提下，既安全，又经济。

二、极限状态

若整个结构或结构的一部分超过某一特定状态，就不能满足设计规定的某一功能的要求，则此特定状态就称为该功能的极限状态。极限状态分为以下两类。

1. 承载能力极限状态

当结构或结构构件达到最大承载能力或不适于继续承载的变形状态时，称该结构或结构构件达到承载能力极限状态。当结构或结构构件出现下列状态之一时，即认为超过了承载能力极限状态：

（1）整个结构或结构的一部分作为刚体失去平衡（如雨篷、阳台的倾覆等）。

（2）结构构件或连接部位因材料强度不够而破坏（包括疲劳破坏）或因过度的塑性变形而不适于继续承载（如钢筋混凝土梁受弯破坏）。

（3）结构转变为机动体系（如构件发生三铰共线而形成机动体系导致结构丧失承载力）。

（4）结构或结构构件丧失稳定（如压曲等）。

（5）地基丧失承载能力而破坏。

2. 正常使用极限状态

当结构或结构构件达到正常使用或耐久性能的某项规定限值的状态，为正常使用极限状态。当结构或结构构件出现下列状态之一时，即认为超过了正常使用极限状态：

（1）影响正常使用或外观的变形。

（2）影响正常使用或耐久性能的局部损坏或裂缝。

（3）影响正常使用的振动。

由上可知，承载能力极限状态主要考虑结构的安全性功能。当结构或结构构件超过承载能力极限状态时，就已经超出了最大限度的承载能力，就有可能发生严重破坏、倒塌，造成人身伤亡和重大经济损失，所以，不能再继续使用。因此，承载能力极限状态是第一位重要的，设计时应严格控制出现这种状态的可能性。正常使用极限状态主要考虑结构的适用性功能和耐久性功能。例如吊车梁变形过大会影响行驶；屋面构件变形过大会造成粉刷层脱落和屋顶积水；构件裂缝宽度超容许值会使钢筋锈蚀影响耐久等。这些均属于超过正常使用极限状态。超过正常使用极限状态带来的后果一般不如超过承载能力极限状态严重，但也是不可忽略的，设计时可将出现此种极限状态的可能性略微放宽一些。在进行建筑结构设计时，通常是将承载能力极限状态放在首位，通过计算使结构或结构构件满足安全性功能，而对正常使用极限状态，往往是通过构造或构造加部分验算来满足。

3. 结构的功能函数

为了形象地说明结构的工作状态，可令

$$Z = g(S, R) = R - S \qquad (7-1)$$

式中　S——结构的作用效应，即由荷载引起的各种效应称为荷载效应，如内力、变形；

R——结构的抗力，即结构或构件承受作用效应的能力，如承载力、刚度等。

显然，当 $Z > 0$ 时，结构处于可靠状态；当 $Z < 0$ 时，结构处于失效状态；当 $Z = 0$ 时，结构处于极限状态。

关系式 $g(S, R) = R - S = 0$ 称为极限状态方程。

第三节　结构上的荷载与荷载效应

一、荷载的分类

建筑结构在使用期间和施工过程中，要承受各种作用：施加在结构上的集中力或分布力（如人群、雪、风、构件自重、设备等）称为直接作用，也称荷载；引起结构外加变形或约束变形的原因（温度变化、地基不均匀沉降、混凝土的收缩等）称为间接作用。

结构上的荷载，可分为下列三类：

（1）永久荷载（恒载）。在结构使用期间，其值不随时间变化，或其变化与平均值相比可以忽略不计的荷载，例如结构自重、土压力等。

（2）可变荷载（活载）。在结构使用期间，其值随时间变化，且其变化值与平均值相比不可忽略的荷载。例如楼面活荷载、屋面活荷载、风荷载、雪荷载、吊车荷载等。

（3）偶然荷载。在结构使用期间不一定出现，一旦出现，其值很大且持续时间较短的荷载，例如爆炸力、撞击力、地震等。

二、荷载标准值

作用于结构上的荷载的大小具有变异性。例如结构自重等永久荷载虽可事先根据结构的设计尺寸和材料单位重量计算出来，但施工时的尺寸偏差、材料单位重量的变异性等原因，使结构的实际自重并不完全与计算结果相吻合。至于可变荷载的大小，其不定因素则更多。荷载标准值就是结构在设计基准期（50 年）内，正常情况下可能出现的最大荷载值，它是荷载的基本代表值。

三、荷载代表值

在结构设计时，应根据不同的设计要求采用不同的荷载数值，即所谓荷载代表值。《建筑结构荷载规范》（GB 50009—2012）给出了三种代表值：标准值、准永久值和组合值。永久荷载采用标准值作为代表值，可变荷载采用标准值、准永久值或组合值为代表值。取值方法如下：

（1）永久荷载标准值。可参见附录一。

（2）可变荷载标准值。可参见附录二。

（3）可变荷载准永久值。可变荷载准永久值是指经常作用于结构上的可变荷载（作用的时间与设计基准期的比值不小于 1/2）。它等于准永久值系数乘以可变荷载的标准值，即为 $\psi_q Q_k$，其中 ψ_q 为准永久值系数。具体数值见附录二。

（4）可变荷载组合值。当结构同时承受两种或两种以上的可变荷载时，由于各种荷载同时达到其最大值的可能性极小，因此，需要考虑组合问题。可变荷载组合值是将多种可变荷载中的主导荷载（产生荷载效应为最大的荷载）以外的其他荷载标准值乘以荷载组合值系数 ψ_c，即为 $\psi_c Q_k$。可变荷载组合值系数 ψ_c 见附录二。

四、荷载设计值

考虑到实际工程与理论及试验的差异，直接采用荷载标准值进行承载能力设计尚不能保证达到目标可靠指标要求，故在承载能力设计中，应采用荷载设计值。荷载设计值为荷载分项系数与荷载代表值的乘积。

1. 永久荷载设计值 G

永久荷载设计值为永久荷载分项系数 γ_G 与永久荷载标准值 G_k 的乘积，即 $G=\gamma_G G_k$。

永久荷载分项系数按下列规定采用：①对由可变荷载效应控制的组合，取 $\gamma_G=1.2$；②对由永久荷载效应控制的组合，取 $\gamma_G=1.35$；③当其效应对结构有利时，一般情况下取 $\gamma_G=1.0$；④对结构的倾覆、滑移或漂浮验算，取 $\gamma_G=0.9$。

2. 可变荷载设计值 Q

当采用荷载标准值时，可变荷载设计值为可变荷载分项系数 γ_Q 与可变荷载标准值 Q_k 的乘积，即 $Q=\gamma_Q Q_k$。

当采用荷载组合值时，可变荷载设计值为可变荷载分项系数 γ_Q 与可变荷载组合值 $Q_c=\psi_c Q_k$ 的乘积，即 $Q=\gamma_Q \psi_c Q_k$。

可变荷载的分项系数 γ_Q 一般情况下取 $\gamma_Q=1.4$；对标准值大于 $4kN/mm^2$ 的工业房屋楼面结构的活载取 $\gamma_Q=1.3$。

五、荷载效应

荷载效应是指由荷载产生的结构或构件的内力（如拉、压、剪、扭、弯等）、变形（如伸长、压缩、挠度、转角等）及裂缝、滑移等后果。在分析荷载 Q（永久或可变荷载）与荷载效应 S 的关系时，可假定两者之间呈线性关系，即

$$S=CQ \tag{7-2}$$

式中　C——荷载效应系数。

比如一根受均布荷载 q 作用的简支梁，其支座处剪力 V 为 $\frac{1}{2}ql$，$\frac{1}{2}l$ 就是荷载效应系数；跨中弯矩 $M=\frac{1}{8}ql^2$，$\frac{1}{8}l^2$ 就是荷载效应系数等。

第四节　结构构件的抗力和材料强度

一、结构构件的抗力

结构构件抵抗各种结构上作用效应的能力称为结构抗力。按构件变形不同可分为抗拉、抗压、抗弯、抗扭等形式，按结构的功能要求可分为承载能力和抗变形、抗裂缝能力。结构抗力与构件截面形状、截面尺寸以及材料等级有关。

二、材料强度

1. 材料强度标准值

材料强度的标准值是结构设计时采用的材料强度的基本代表值。钢筋混凝土结构所采用的建筑材料主要是钢筋和混凝土。它们的强度大小均具有不定性。同一种钢材或同一种混凝土，取不同的试样，试验结果并不完全相同，因此，钢筋和混凝土的强度亦应看作是随机变量。为安全起见，用统计方法确定的材料强度值必须具有较高的保证率。材料强度标准值的保证率一般取 95%。

2. 材料强度设计值

混凝土结构中所用材料主要是混凝土、钢筋，考虑到这两种材料强度值的离散情况不同，因而它们各自的分项系数也是不同的。在承载能力设计中，应采用材料强度设计值。材料强度设计值等于材料强度标准值除以材料分项系数。分项系数是按照目标可靠指标并考虑工程经验确定的，它使计算所得结果能满足可靠度要求。混凝土和钢筋的强度设计值的取值可查《混凝土结构设计规范》（GB 50010—2010）或见本书附录三和附录四。

第五节　极限状态设计方法

结构设计时，需要针对不同的极限状态，根据各种结构的特点和使用要求给出具体的标志及限值，并以此作为结构设计的依据，这种设计方法称为"极限状态设计法"。

一、按承载能力极限状态计算

承载能力极限状态实用设计表达式为

$$\gamma_0 S \leqslant R \tag{7-3}$$

式中　γ_0——结构重要性系数；

S——内力组合的设计值；

R——结构构件的承载力设计值。

1. 结构重要性系数 γ_0

按照我国《建筑结构可靠度设计统一标准》（GB 50068—2018），根据建筑结构破坏后果的严重程度，将建筑结构划分为三个安全等级：影剧院、体育馆和高层建筑等重要工业与民用建筑的安全等级为一级，设计使用年限为 100 年及以上；大量一般性工业与民用建筑的安全等级为二级，设计使用年限为 50 年；次要建筑的安全等级为三级，设计使用年限为 5 年及以下。各结构构件的安全等级一般与整个结构相同。各安全等级相应的结构重要性系数的取法为：一级 $\gamma_0=1.1$；二级 $\gamma_0=1.0$；三级 $\gamma_0=0.9$。

2. 内力组合的设计值 S

考虑永久荷载和可变荷载共同作用所得的结构内力值称为结构的内力组合值。用于承载能力极限状态计算的内力组合设计值，其基本组合的一般公式为

$$S = \gamma_G S_{Gk} + \gamma_{Q1} S_{Q1k} + \sum_{i=2}^{n} \gamma_{Qi} \psi_{ci} S_{Qik} \tag{7-4}$$

式中　S_{Gk}——永久荷载的标准值产生的内力；

S_{Q1k}，S_{Qik}——可变荷载的标准值产生的内力，其中，S_{Q1k} 为主导可变荷载产生的内力，S_{Qik} 为除主导可变荷载以外的其他可变荷载产生的内力；

　γ_G——永久荷载分项系数；

　γ_{Q1}——可变荷载 Q_1 分项系数；

　γ_{Qi}——第 i 个可变荷载的分项系数；

　ψ_{ci}——第 i 个可变荷载组合系数，按表 7－2 取用。

为了简化计算，对于一般排架、框架结构，其内力组合设计值可按以下简化公式计算：

$$S = \gamma_G S_{Gk} + \gamma_{Q1} S_{Q1k}$$
$$S = \gamma_G S_{Gk} + \psi \sum_{i=1}^{n} \gamma_{Qi} S_{Qik}$$

两者比较取较大值

式中　ψ——简化设计表达式中采用的荷载组合系数，按表 7－2 取用。

永久荷载分项系数与永久荷载标准值产生内力的乘积，称为永久荷载的内力设计值；可变荷载分项系数与可变荷载标准值产生内力的乘积，称为可变荷载的内力设计值；下面通过例题说明荷载效应组合时的内力组合设计值 S 的计算方法。

表 7－2　　　　　荷载分项系数及荷载组合系数

荷载类型			荷载分项系数 γ_G 和 γ_Q	荷载组合系数	
				ψ_{ci}	ψ
永久荷载			1.2	1.0	1.0
可变荷载	第一个		1.4	1.0	1.0
	其他	风荷载		0.6	0.9
		其他		0.7	0.9

注　1. 恒载效应对结构有利时，恒载系数应取 1.0，验算倾覆、滑移时恒载系数取 0.8。
　　2. 对楼面结构，当活荷载标准值不小于 4kN/m² 时，活载分项系数取 1.3。

【例 7－1】　预应力混凝土屋面板，屋面构造层、板自重和抹灰等永久荷载引起的弯矩标准值 $M_{Gk}=12.90$kN·m，屋面活荷载（上人屋面）引起的弯矩标准值 $M_{Qk}=3.60$kN·m，求按承载能力计算时屋面板弯矩设计值。

解：永久荷载分项系数 $\gamma_G=1.2$；板上只有一个可变荷载，可变荷载分项系数 $\gamma_{Q1}=1.4$。

$$M = \gamma_G M_{Gk} + \gamma_{Q1} M_{Q1k}$$
$$= 1.2 \times 12.90 + 1.4 \times 3.60$$
$$= 20.52(\text{kN·m})$$

【例 7－2】　某教室的钢筋混凝土简支梁，计算跨度 $l_0=4$m，支承在其上的板的自重及梁的自重等永久荷载标准值为 12kN/m，楼面使用活荷载传给该梁的荷载标准值为 8kN/m，梁的计算简图如图 7－2 所示，求按承载能力计算时梁跨中截面弯矩组合设计值。

解：永久荷载分项系数 $\gamma_G=1.2$；梁上只有一个可变荷载，可变荷载分项系数 $\gamma_{Q1}=1.4$。

$$M = \gamma_G M_{Gk} + \gamma_{Q1} M_{Q1k}$$

$$= 1.2 \times \frac{1}{8} g_k l_0^2 + 1.4 \times \frac{1}{8} q_k l_0^2$$

$$= \frac{1}{8} \times (1.2 \times 12 + 1.4 \times 8) \times 4^2$$

$$= 51.2 (kN \cdot m)$$

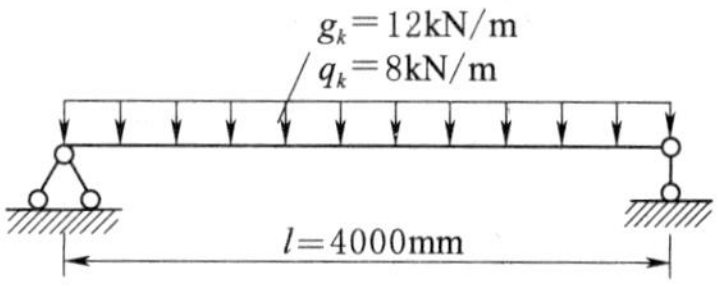

图 7 - 1　[例 7 - 2]

3. 结构构件的承载力设计值 R

结构构件承载力设计值的大小，取决于截面的几何形状、截面上材料的种类、用量与强度等多种因素。它的一般形式为

$$R = (f_c, f_y, \alpha_k, \cdots)$$

式中　f_c——混凝土强度设计值，见附录三。

　　　f_y——钢筋强度设计值，见附录四。

　　　α_k——几何参数的标准值。

二、按正常使用极限状态验算

1. 验算特点

首先，正常使用极限状态和承载能力极限状态在理论分析上对应结构两个不同的工作阶段，同时两者在设计上的重要性不同，因而须采用不同的荷载效应代表值和荷载效应组合进行验算与计算；其次，在荷载保持不变的情况下，由于混凝土的徐变等特性，裂缝和变形将随着时间的推移而发展，因此在分析裂缝变形的荷载效应组合时，应区分荷载效应的标准组合和准永久组合。

2. 荷载效应的标准组合和准永久组合

（1）荷载效应的标准组合。荷载的标准组合按式（7-5）计算：

$$S_K = S_{Gk} + S_{Q1k} + \sum_{i=2}^{n} \psi_{ci} S_{Qik} \tag{7-5}$$

式中符号意义同前。

（2）荷载效应的准永久组合。荷载效应的准永久组合按式（7-6）计算：

$$S_q = S_{Gk} + \sum_{i=1}^{n} \psi_{qi} S_{Qik} \tag{7-6}$$

式中　ψ_{qi}——第 i 个可变荷载的准永久值系数，准永久值系数见附录二。

【例 7 - 3】 试求 [例 7 - 1] 的标准组合和准永久组合弯矩值。

解：（1）标准组合弯矩值。

$$M_k = M_{Gk} + M_{Q1k} = 12.90 + 3.60 = 16.50 (kN \cdot m)$$

（2）准永久组合弯矩值。查表可知，上人屋面的活荷载准永久系数为 0.4，所以

$$M_Q = M_{Gk} + \psi_{q1} M_{Q1k} = 12.90 + 0.4 \times 3.60 = 14.34 (kN \cdot m)$$

【例 7 - 4】 试求 [例 7 - 2] 的标准组合和准永久组合弯矩值。

解：（1）标准组合弯矩值。

$$M_k = M_{Gk} + M_{Q1k} = \frac{1}{8} g_k l_0^2 + \frac{1}{8} q_k l_0^2 = \frac{1}{8} \times (12 + 8) \times 4^2 = 40 (kN \cdot m)$$

（2）准永久组合弯矩值。查表可知，教室的活荷载准永久系数为 0.5，所以

$$M_Q = M_{Gk} + \psi_{q1} M_{Q1k} = \frac{1}{8} g_k l_0^2 + 0.5 \times \frac{1}{8} q_k l_0^2 = \frac{1}{8} \times (12 + 0.5 \times 8) \times 4^2 = 32 (\text{kN} \cdot \text{m})$$

3. 变形和裂缝的验算方法

（1）变形验算。受弯构件挠度验算的一般公式为

$$f \leqslant [f] \tag{7-7}$$

式中　f——受弯构件按荷载效应的标准组合并考虑荷载长期作用影响计算的最大挠度；

　　　$[f]$——受弯构件的允许挠度值，见附录五。

（2）裂缝验算。根据正常使用阶段对结构构件裂缝控制的不同要求，将裂缝的控制等级分为三级：一级为正常使用阶段严格要求不出现裂缝；二级为正常使用阶段一般要求不出现裂缝；三级为正常使用阶段允许出现裂缝，但控制裂缝宽度。具体要求是：

1）对裂缝控制等级为一级的构件，要求按荷载效应的标准组合进行计算时，构件受拉边缘混凝土不产生拉应力。

2）对裂缝控制等级为二级的构件，要求按荷载效应的准永久组合进行计算时，构件受拉边缘混凝土不宜产生拉应力；按荷载效应的标准组合进行计算时，构件受拉边缘混凝土允许产生拉应力，但拉应力大小不应超过混凝土轴心抗拉强度标准值。

3）对裂缝控制等级为三级的构件，要求按荷载效应的标准组合并考虑荷载长期作用影响计算的裂缝宽度最大值不超过《混凝土结构设计规范》（GB 50010—2010）规定的限值，见附录六。

属于一级、二级的构件一般都是预应力混凝土构件，对抗裂要求较高。普通钢筋混凝土结构，通常都属于三级。

第六节　耐　久　性　规　定

混凝土结构应符合有关耐久性规定，以保证其在化学的、生物的以及其他使结构材料性能恶化的各种侵蚀的作用下，达到预期的耐久年限。混凝土结构的耐久性应根据表 7-3 的环境类别和设计使用年限进行设计。

表 7-3　　　　　　　　　　　　混凝土结构的环境类别

环境类别		条　　件
一		室内正常环境
二	a	室内潮湿环境；非严寒和非寒冷地区的露天环境、与无侵蚀性的水或土壤直接接触的环境
	b	严寒和寒冷地区的露天环境、与无侵蚀性的水或土壤直接接触的环境
三		使用除冰盐的环境；严寒和寒冷地区冬季水位变动的环境；滨海室外环境
四		海水环境
五		受人为或自然的侵蚀性物质影响的环境

注　严寒和寒冷地区的划分应符合国家现行标准《民用建筑热工设计规程》（JGJ 24）的规定。

一类、二类和三类环境中，设计使用年限为 50 年的结构混凝土应符合表 7-4 的规定。

表 7-4   结构混凝土耐久性的基本要求

环境类别		最大水灰比	最小水泥用量 /(kg/m³)	最低混凝土 强度等级	最大氯离子 含量/%	最大碱含量 /(kg/m³)
一		0.65	225	C20	1.0	不限制
二	a	0.60	250	C25	0.3	3.0
	b	0.55	275	C30	0.2	3.0
三		0.50	300	C30	0.1	3.0

注 1. 氯离子含量系指其占水泥用量的百分率。

2. 预应力构件混凝土中的最大氯离子含量为0.06%，最小水泥用量为300kg/m³；最低混凝土强度等级应按表中规定提高两个等级。

3. 素混凝土构件的最小水泥用量不应少于表中数值减25kg/m³。

4. 当混凝土中加入活性掺合料或能提高耐久性的外加剂时，可适当降低最小水泥用量。

5. 当有可靠工程经验时，处于一类和二类环境中的最低混凝土强度等级可降低一个等级。

6. 当使用非碱活性骨料时，对混凝土中的碱含量可不作限制。

一类环境中，设计使用年限为100年的结构混凝土应符合下列规定：

（1）钢筋混凝土结构的最低混凝土强度等级为C30；预应力混凝土结构的最低混凝土强度等级为C40。

（2）混凝土中的最大氯离子含量为0.06%。

（3）宜使用非碱活性骨料；当使用碱活性骨料时，混凝土中的最大碱含量为3.0kg/m³。

（4）混凝土保护层厚度应按表的规定增加40%；当采用有效的表面防护措施时，混凝土保护层厚度可适当减少。

（5）在使用过程中，应定期维护。

二类和三类环境中，设计使用年限为100年的混凝土结构，应采取专门有效措施。

严寒及寒冷地区潮湿环境中，结构混凝土应满足抗冻要求，混凝土抗冻等级应符合有关标准的要求。

有抗渗要求的混凝土结构，混凝土的抗渗等级应符合有关标准的要求。

三类环境中的结构构件，其受力钢筋宜采用环氧树脂涂层带肋钢筋；对预应力钢筋、锚具及连接器，应采取专门防护措施。

四类和五类环境中的混凝土结构，其耐久性要求应符合有关标准的规定。

对临时性混凝土结构，可不考虑混凝土的耐久性要求。

本 章 小 结

（1）建筑结构按承重结构所用的材料不同，可分为木结构、砌体结构、钢筋混凝土结构和钢结构。砌体结构、混凝土结构和钢结构均有一定的优缺点。

（2）结构设计要解决的根本问题是以适当的可靠度来满足结构的功能要求。这些功能要求归纳为三个方面，即结构的安全性、适用性和耐久性。极限状态是指其中某一种功能的特定状态，当整个结构或结构的一部分超过它时就认为结构不能满足这一功能要求。极限状态有两类，即与安全性对应的承载能力极限状态和与适用性、耐久性对应的正常使用极限状态。

（3）结构上的作用分直接作用和间接作用两种，其中直接作用习惯称为荷载。荷载按其随时间的变异性和出现的可能性，分为永久荷载、可变荷载和偶然荷载三种。

（4）混凝土结构在进行承载能力极限状态和正常使用极限状态设计的同时，还应根据环境类别、结构的重要性和设计使用年限，进行混凝土结构的耐久性设计。

（5）建筑结构课程是土建类专业进行职业能力培养的一门职业核心课程，集理论与实践为一体，在学习中主要注意多种学习方法的运用。

复 习 思 考 题

1. 建筑结构必须满足哪些要求？

2. 什么是结构的设计基准期？我国的结构设计基准期规定的年限为多长？

3. 我国《建筑结构可靠度设计统一标准》（GB 50068—2018）对于结构的可靠度是怎样定义的？

4. 什么是结构的极限状态？结构的极限状态分哪两类？

5. 如何划分结构的极限状态？

6. 影响结构可靠性的因素有哪两方面？

7. 什么是结构的可靠性？可靠性和可靠度之间有什么联系？

8. 荷载如何分类？

9. 何谓荷载标准值？何谓荷载设计值？

10. 何谓作用效应？何谓结构抗力？

11. 写出按承载能力极限状态进行设计的使用设计表达式，并对公式中符号的物理意义进行解释。

12. 如何划分结构的安全等级？结构构件的重要性系数如何取值？

13. 荷载效应的准永久值是如何定义的？

习　　　题

7-1　某住宅楼面梁，由恒载标准值引起的弯矩 $M_{Gk}=15kN \cdot m$，由楼面活荷载标准值引起的弯矩 $M_{Qk}=5kN \cdot m$，试求按承载能力计算时最大弯矩设计值 M。

7-2　某钢筋混凝土矩形截面简支梁，截面尺寸 $b \times h=200mm \times 500mm$，计算跨度 $l_0=3800mm$，梁上作用恒载标准值（不含自重）$g_k=4kN/m$，活荷载标准值 $q_k=9kN/m$，试求按承载能力计算时梁的跨中最大弯矩设计值。

7-3　某住宅钢筋混凝土简支梁，计算跨度 $l_0=6m$，承受均布荷载：永久荷载标准值 $g_k=12kN/m$（包括梁自重），可变荷载标准值 $q_k=8kN/m$，准永久值系数为 $\psi_q=0.4$，求：

（1）按承载能力极限状态计算的梁跨中最大弯矩设计值。

（2）按正常使用极限状态计算的荷载标准组合、准永久组合跨中弯矩值。

第八章　钢筋和混凝土材料认识

【能力目标、知识目标】

能力目标：会查找混凝土强度标准值、设计值和弹性模量；会查找钢筋强度标准值、设计值和弹性模量。

知识目标：掌握立方体抗压强度、轴心抗压强度、轴心抗拉强度理论来源；掌握混凝土一次短期加荷时的变形性能和弹性模量；掌握有明显屈服点和无明显屈服点钢筋应力应变曲线特点及设计强度的取值标准。

【学习要求】

知 识 要 点	能 力 要 求	相 关 知 识
混凝土的选用及强度指标的查用	读懂《混凝土结构设计规范》（GB 50010—2010）中混凝土的应力应变曲线图；会查找混凝土强度标准值、设计值和弹性模量	混凝土立方体抗压强度、轴心抗压强度、轴心抗拉强度，混凝土一次短期加荷时的变形性能和弹性模量
钢筋的选用及强度指标的查用	读懂钢筋的应力应变曲线图；会查找钢筋强度标准值、设计值和弹性模量	钢筋的种类、级别、形式和混凝土结构对钢筋性能的影响；有明显屈服点和无明显屈服点钢筋应力应变曲线特点及设计强度的取值标准
钢筋与混凝土共同工作的原理	理解钢筋与混凝土之间黏结应力的作用，了解钢筋与混凝土共同工作原理	钢筋与混凝土之间的黏结力；影响钢筋与混凝土黏结强度的因素

第一节　混凝土的认识

一、混凝土的强度

普通混凝土是由水泥、砂、石和水按一定的配合比拌和，经凝固、硬化形成的人工石材。混凝土强度的大小不仅与组成材料的质量和配合比有关，而且与混凝土的制作方法、养护条件、龄期和受力情况有关。另外，与测定强度时所采用的试件尺寸、形状和试验方法也有密切关系。因此，在研究各种单向受力状态下的混凝土强度指标时必须以统一规定的标准试验方法为依据。混凝土的强度指标有三个：立方体抗压强度、轴心抗压强度和抗拉强度。其中，立方体抗压强度是最基本的强度指标，以此为依据确定混凝土的强度等级，它与另外两种强度指标有一定的关系。

1. 混凝土的立方体抗压强度 f_{cu} 与强度等级

《混凝土结构设计规范》（GB 50010—2010）规定，混凝土的立方体抗压强度是用边长为 150mm 的立方体试块，在标准养护条件〔温度在（20±3）℃，相对湿度不小于

90％］下养护 28d 后在试验机上进行抗压强度试验（试验时加荷速度为每秒 0.3～0.8N/mm²）测得的极限平均压应力（N/mm²），用 f_{cu} 表示。立方体抗压强度标准值应具有 95％的保证率，它是划分混凝土强度等级的依据。

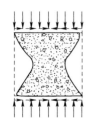

图 8-1　混凝土立方体试件的受压破坏情况

在混凝土立方体抗压强度试验过程中可以看到，首先是试块中部外围混凝土发生剥落，形成两个对顶的角锥形破坏面（图 8-1）。出现这种现象的原因是：混凝土纵向受压向外膨胀，靠近上、下压机钢板的混凝土受到钢板的摩擦力的约束，不会破坏；而中部混凝土受到钢板约束作用较小，破坏最严重。试块和压力机钢板之间的摩擦所起的约束作用，称为"环箍效应"。此效应使混凝土试块不易破坏，因而测定的立方体抗压强度高于混凝土的轴心抗压强度，故而该强度不可直接用于设计，也就没有立方体抗压强度设计值，仅有立方体抗压强度标准值（具有 95％保证率的材料强度，用 f_{cuk} 表示）。

《混凝土结构设计规范》（GB 50010—2010）规定，混凝土按立方体抗压强度标准值的大小划分为 14 个强度等级：C15、C20、C25、C30、C35、C40、C45、C50、C55、C60、C65、C70、C75 和 C80。符号 C 表示混凝土，C 后面的数值表示立方体抗压强度标准值（单位：N/mm²）。

试验表明，随着立方体尺寸的加大或减小，实测的强度值将偏低或偏高。这种影响一般称为"试件尺寸效应"。因此《混凝土结构设计规范》（GB 50010—2010）规定，当采用非标准立方体试块时，需将其实测的强度乘以下列换算系数，以换算成标准立方体抗压强度。

200mm×200mm×200mm 的立方体试块——1.05
100mm×100mm×100mm 的立方体试块——0.95

《混凝土结构设计规范》（GB 50010—2010）规定，结构设计时，混凝土强度等级的选用原则如下：普通钢筋混凝土结构的混凝土强度等级不应低于 C15；当采用 Ⅱ 级钢筋时，混凝土强度等级不应低于 C20；当采用 Ⅲ 级钢筋或承受重复荷载时，则不得低于 C20；预应力混凝土强度等级不应低于 C30；当采用钢丝、钢绞线、热处理钢筋作预应力筋时，混凝土强度等级不宜低于 C40。低于《混凝土结构设计规范》（GB 50010—2010）规定的 C10 级混凝土只能用于基础垫层及房屋底层的地面。

2. 混凝土轴心抗压强度 f_c

轴心抗压强度亦称为棱柱体轴心抗压强度，它是由截面为 150mm×150mm×300mm 的混凝土标准棱柱体，经过 28d 龄期，用标准方法测得的强度值（N/mm²），用符号 f_c 表示。

因为试件高度比立方体试块高度大很多，在高度中央范围内可消除压力机钢板与试件之间摩擦力对混凝土抗压强度的影响，试验测得的抗压强度低于立方体抗压强度，实际工程中钢筋混凝土轴心受压构件的长度要比截面尺寸大得多，所以混凝土轴心抗压强度更能反映轴心受压短柱的实际情况，它是钢筋混凝土结构设计中实际采用的混凝土轴心抗压强度。轴心抗压强度与立方体抗压强度之间有一定的关系。

根据试验结果并按经验进行修正，混凝土轴心抗压强度设计值见表 8-1，混凝土轴心抗压强度标准值见表 8-2。

表 8 - 1　　　　　　　　　　　混 凝 土 强 度 设 计 值　　　　　　　　单位：N/mm²

强度种类	混 凝 土 强 度 等 级													
	C15	C20	C25	C30	C35	C40	C45	C50	C55	C60	C65	C70	C75	C80
f_c	7.2	9.6	11.9	14.3	16.7	19.1	21.1	23.1	25.3	27.5	29.7	31.8	33.8	35.9
f_t	0.91	1.10	1.27	1.43	1.57	1.71	1.80	1.89	1.96	2.04	2.09	2.14	2.18	2.22

注　1. 计算现浇钢筋混凝土轴心受压及偏心受压构件时，如截面的长边或直径小于 300mm，则表中混凝土的强度
　　　设计值应乘以系数 0.8；当构件质量（如混凝土成型、截面和轴线尺寸等）确有保证时，可不受此限制。
　　2. 离心混凝土的强度设计值应按专门标准取用。

表 8 - 2　　　　　　　　　　混 凝 土 轴 心 抗 压 强 度 标 准 值　　　　　　单位：N/mm²

强度种类	混 凝 土 强 度 等 级													
	C15	C20	C25	C30	C35	C40	C45	C50	C55	C60	C65	C70	C75	C80
f_{ck}	10.0	13.4	16.7	20.1	23.4	26.8	29.6	32.4	35.5	38.5	41.5	44.5	47.4	50.2
f_{tk}	1.27	1.54	1.78	2.01	2.20	2.39	2.51	2.64	2.74	2.85	2.93	2.99	3.05	3.11

3. 混凝土轴心抗拉强度 f_t

混凝土的抗拉强度很低，大约只有混凝土立方体抗压强度的 $1/17 \sim 1/8$，在计算钢筋混凝土和预应力混凝土结构的抗裂度和裂缝宽度时要应用抗拉强度。

混凝土抗拉强度与试件试验方法有关，我国《混凝土结构设计规范》（GB 50010—2010）是采用如图 8 - 2 所示的标准构件进行试验的。试件用一定尺寸的钢模板浇铸而成，两端预埋直径为 20mm 的螺纹钢筋，钢筋轴线应与构件轴线重合。试验机夹具夹住两端钢筋，使构件均匀受拉。当构件破坏时，构件截面上的平均拉应力即为混凝土的轴心抗拉强度，用 f_t 表示。

根据试验结果并按经验进行修正，混凝土轴心抗压强度设计值见表 2 - 1，混凝土轴心抗压强度标准值见表 8 - 2。

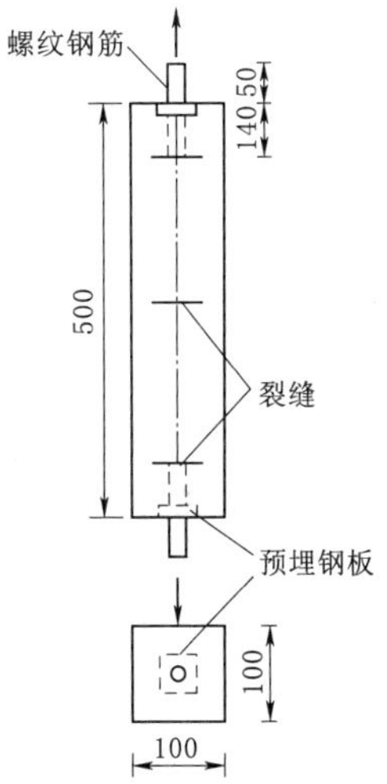

二、混凝土的变形

混凝土的变形分为两类：一类为混凝土的受力变形，包括一次短期加荷时的变形、重复加荷时的变形和长期荷载作用下的变形；另一类是体积变形，包括收缩、膨胀和温度变形。

（一）受力变形

1. 混凝土在一次短期加荷时的变形性能

（1）混凝土的应力-应变曲线。混凝土在一次短期荷载作用下的应力-应变曲线，是反映混凝土力学特征的一个重要方面，它反映了混凝土的强度和变形性能，对了解和研究混凝土结构构件的承载力、变形、裂缝、塑性、超静定结构内力重分布，以及预应力混凝土结构的预应力损失都是不可缺少的。

典型的混凝土应力-应变曲线如图 8 - 3 所示。

图 8 - 2　轴心抗拉
强度试验

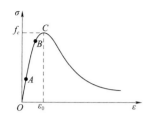

图 8-3 混凝土受压的
应力-应变曲线

混凝土的应力-应变曲线以最大应力点 C 为界,包括上升段和下降段两部分。

上升段:当应力小于 $0.3f_c$ 时,应力-应变曲线为直线 OA,此阶段混凝土处于理想弹性工作阶段;随着压力提高,当 $\sigma=(0.3\sim0.8)f_c$ 时,由于混凝土中水泥胶体黏性流动与微裂缝的开展,使混凝土应力应变关系变为一曲线 AB。表明混凝土已经开始并越来越明显地表现出它的塑性性质,且随着荷载增加,曲线 AB 越发偏离直线,这说明混凝土已处于弹塑性工作状态;当应力增加至接近混凝土轴心抗压强度即 σ 为 $(0.8\sim1.0)f_c$ 时,由于混凝土内微裂缝的开展与贯通,应力应变关系为曲线 BC。此时,曲线斜率急剧减小,说明混凝土塑性性质已充分显露,塑性变形显著增大,直到 C 点,达到最大承载力 f_c。

从不同强度等级混凝土的应力-应变曲线可知,不同强度等级混凝土达到轴心抗压强度时的应变 ε_0 相差不多,工程中所用混凝土的 ε_0 为 $0.0015\sim0.002$,设计时,为简化起见,可统一取 $\varepsilon_0=0.002$。

下降段:当应力达到 C 点后,混凝土的抗压能力并没有完全丧失,而是随着压应力的降低逐渐减小,应力-应变曲线下降。开始应力下降较快,曲线较陡,随后曲线坡度逐渐趋于平缓收敛,当应变达到极限值 ε_{cu} 时,混凝土破坏。工程中所用混凝土的 ε_{cu} 为 $0.002\sim0.006$,设计时,为简化起见,可统一取 $\varepsilon_{cu}=0.0033$。

混凝土受拉时的应力-应变曲线的形状与受压时相似。对应于抗拉强度 f_t 的应变 ε_{ct} 很小,计算时可取 $\varepsilon_{ct}=0.0015$。

(2)混凝土的弹性模量、变形模量。在计算钢筋混凝土构件的变形和预应力混凝土构件截面的预压应力时,需要应用混凝土的弹性模量。但是,在一般情况下,混凝土的应力和应变关系呈曲线变化,因此,混凝土的弹性模量不是一个常量。在工程计算中,我们要确定两种弹性模量。

1)混凝土原点弹性模量(弹性模量)。通过应力-应变曲线上原点 O 引切线,该切线的斜率为混凝土的原点弹性模量,简称弹性模量,以 E_c 表示,如图 8-4 所示。

$$E_c=\tan\alpha_0 \qquad (8-1)$$

式中 α_0——混凝土应力-应变曲线在原点处的切线与横轴的夹角。

但是 E_c 的准确值不易从一次加载的应力-应变曲线上求得。《混凝土结构设计规范》(GB 50010—2010)中规定的 E_c 数值是在重复加载的应力-应变曲线上求得的。根据大量试验结果,《混凝土结构设计规范》(GB 50010—2010)采用式(8-2)计算混凝土的弹性模量:

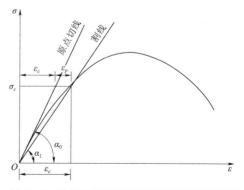

图 8-4 混凝土的弹性模量和变形模量表示方法

$$E_c = \frac{10^5}{2.2 + \dfrac{34.7}{f_{cuk}}} \qquad (8-2)$$

式中　f_{cuk}——混凝土立方体抗压强度标准值，N/mm^2。

混凝土的弹性模量也可从表 8-3 中直接查得。

表 8-3　　　　　　　　　　　混 凝 土 弹 性 模 量　　　　　　　　　　单位：10^4N/mm^2

混凝土强度等级	C15	C20	C25	C30	C35	C40	C45	C50	C55	C60	C65	C70	C75	C80
E_c	2.20	2.55	2.80	3.00	3.15	3.25	3.35	3.45	3.55	3.60	3.65	3.70	3.75	3.80

2）混凝土的变形模量。当应力较大时（应力超过 $0.3f_c$），弹性模量 E_c 已不能反映这时应力应变关系，计算时应用变形模量来反映此时的应力应变关系。

原点 O 与应力-应变曲线上任一点 C 连线的斜率，称为混凝土的变形模量，用 E'_c 表示，如图 8-4 所示，即

$$E'_c = \tan\alpha = \frac{\sigma_c}{\varepsilon_c} \qquad (8-3)$$

混凝土的弹性模量与变形模量之间有如下关系：

$$E'_c = \nu E_c \qquad (8-4)$$

式中　ν——混凝土受压时的弹性系数，等于混凝土弹性应变与总应变之比，$\nu = 0.4 \sim 1.0$。

2. 混凝土在重复荷载作用下的变形性能

工程中的某些混凝土构件，在使用期限内，受到荷载的多次重复作用，如工业厂房中的吊车梁。混凝土在多次重复荷载作用下，残余变形继续增加。

当每次循环所加荷载的应力较小，$\sigma \leqslant 0.5f_c$ 时，经过若干次加卸荷循环后，累积的塑性变形将不再增加，混凝土的加卸荷的应力应变曲线将由曲变直，并按弹性性质工作。

当每次循环所加荷载超过了某个限值，约为 $\sigma = 0.5f_c$，经过若干次加卸荷循环后，累积的塑性变形还将增加，混凝土的加卸荷的应力应变曲线将由曲变直后反向弯曲，直至破坏。

3. 混凝土在长期荷载作用下的变形

混凝土在持续荷载作用下的变形将随时间的增加而增加，这种现象称为混凝土的徐变。徐变的特点是先快后慢，持续时间较长，一年以后趋于稳定，三年以后基本终止。

产生徐变的原因目前研究得尚不够充分，一般认为，产生的原因有两个：一是混凝土受荷后产生的水泥胶体黏性流动要持续比较长的时间；二是混凝土内部微裂缝在荷载长期作用下将继续发展和增加，从而引起徐变的增加。

混凝土的徐变对结构构件产生十分有害的影响。如增大钢筋混凝土结构的变形；在预应力混凝土构件中引起预应力的损失等。因此需要分析影响徐变的主要因素，在设计、施工和使用时，应采取有效措施，以减少混凝土的徐变。

试验表明，影响混凝土徐变的主要因素及其影响情况如下：

（1）水灰比和水泥用量：水灰比小、水泥用量少，则徐变小。

（2）骨料的强度、弹性模量和级配：骨料的强度高、弹性模量高、级配好，则徐变小。

（3）混凝土的密实性：混凝土密实性好，则徐变小。

（4）构件养护及使用时的温湿度：构件养护及使用时的温度高、湿度大，则徐变小。

（5）构件加载前混凝土的强度：构件加载前混凝土的强度高，则徐变小。

（6）构件截面的应力：持续作用在构件截面的应力大，则徐变大。

（二）体积变形

1. 混凝土的收缩

混凝土在空气中结硬时体积会缩小，混凝土的这种性能称为收缩。混凝土的收缩变形与徐变变形不一样，收缩是非受力变形，徐变是受力变形。

收缩的特点是先快后慢，一个月约可完成 1/2，两年后趋于稳定，最终收缩应变为 $(2\sim5)\times10^{-4}$。

收缩包括凝缩和干缩两部分。凝缩是混凝土中水泥和水起化学反应引起的体积变化；干缩是混凝土中的自由水分蒸发引起的体积变化。

混凝土的收缩对钢筋混凝土和预应力混凝土结构构件产生十分有害的影响。例如，使钢筋混凝土构件开裂，影响正常使用；引起预应力损失。因此，应当研究影响收缩大小的因素，设法减小混凝土的收缩，避免对结构产生有害的影响。

试验表明，混凝土的收缩与下列因素有关：①水泥用量越多、水灰比越大，收缩越大；②高标号水泥制成的混凝土构件收缩大；③骨料弹性模量大，收缩小；④混凝土振捣密实，收缩小。⑤在硬结过程中，养护条件好，收缩小；⑥使用环境湿度大时，收缩小。

2. 混凝土的膨胀

混凝土在水中结硬时，其体积略有膨胀，混凝土的膨胀一般是有利的，因此可不予考虑。

3. 混凝土的温度变形

混凝土的热胀冷缩变形称为混凝土的温度变形。混凝土的温度变形，一般情况下由于钢筋与混凝土有相近的线膨胀系数（混凝土的温度线膨胀系数约为 1×10^{-5}，钢筋的线膨胀系数约为 1.2×10^{-5}），因此在温度发生变化时钢筋混凝土产生的温度应力很小，不致产生有害影响。但温度变形对大体积混凝土结构极为不利，由于大体积混凝土在硬化初期，内部的水化热不易散发而外部却难以保温，使得混凝土内外温差很大而造成表面开裂。因此，对大体积混凝土应采用低热水泥（如矿渣水泥）、表层保温等措施，甚至还需采取内部降温措施。

第二节 钢 筋 的 认 识

《混凝土结构设计规范》（GB 50010—2010）根据"四节一环保"的要求，提倡建筑用的钢筋，应具有较高的强度，良好的塑性，便于加工和焊接。

一、钢筋的分类

（1）按加工工艺分为：热轧钢筋、余热处理钢筋、细晶粒带肋钢筋、预应力螺纹钢筋和预应力钢丝及钢绞线等。

钢筋按使用前是否施加预应力分为普通钢筋和预应力钢筋。普通钢筋是用于混凝土结构构件中的各种非预应力筋的总称；预应力钢筋指用于混凝土结构构件中施加预应力的钢丝、钢绞线和预应力螺纹钢筋等的总称。

1）热轧钢筋。热轧钢筋是经热轧成型并自然冷却的成品钢筋。热轧钢筋按照强度可以分为四级：HPB300 级、HRB335 级、HRB400 级和 HRB500 级，强度随级别依次升高，塑性下降。热轧光面钢筋 HPB300 属于低强度钢筋，它塑性好、伸长率高、便于弯折成形，容易焊接，常用于中小型钢筋混凝土构件中的受力钢筋和箍筋。热轧带肋钢筋 HRB335、HRB400、HRB500 强度较高，用于钢筋混凝土结构的受力钢筋，其中 HRB400、HRB500 为纵向受力的主导钢筋。《混凝土结构设计规范》（GB 50010—2010）推广具有较好的延性、可焊性、机械连接性能及施工适应性的 HRB 系列普通热轧带肋钢筋，限制并准备逐步淘汰 HRB335 级热轧带肋钢筋，用 HPB300 级光面钢筋取代 HPB235 级光面钢筋。在《混凝土结构设计规范》（GB 50010—2010）的过渡期及对既有结构进行设计时，HPB235 级光面钢筋的设计值仍按《混凝土结构设计规范》（GB 50010—2010）取值。

2）余热处理钢筋。RRB 系列余热处理钢筋是由轧制钢筋经高温淬火，余热处理后提高强度。其延性、可焊性、机械连接性能及施工适应性降低，一般可用于对变形性能及加工性能要求不高的构件中，如基础、大体积混凝土、楼板、墙体及次要的中小结构构件中。《混凝土结构设计规范》（GB 50010—2010）列入了 RRB400 级钢筋。

3）细晶粒带肋钢筋。《混凝土结构设计规范》（GB 50010—2010）列入了采用控温轧制工艺生产的 HRBF 系列细晶粒带肋钢筋，有 HBRF400 级和 HBRF500 级。

4）预应力螺纹钢筋。预应力螺纹钢筋（也称静轧螺纹钢筋）是在整根钢筋上轧有外螺纹的大直径、高强度、高尺寸精度的直条钢筋。它具有连接锚固简便、黏着力强、施工方便等优点。《混凝土结构设计规范》（GB 50010—2010）列入了大直径预应力螺纹钢筋用作预应力筋。

5）预应力钢丝与钢绞线。直径小于 6mm 的钢筋称为钢丝。《混凝土结构设计规范》（GB 50010—2010）列入了中强度预应力钢丝（光面、螺旋肋）、消除应力钢丝（光面、螺旋肋）用作预应力筋。钢绞线是由多根高强钢丝（一般有 2 根、3 根和 7 根）交织在一起而形成的，《混凝土结构设计规范》（GB 50010—2010）列入了 1×3（三股）、1×7（7 股）不同公称直径的钢绞线，多用于后张法大型构件。

（2）按化学成分分为：碳素钢筋和合金钢筋。

1）碳素钢筋。钢筋的主要化学成分是铁，在铁中加入适量的碳可以提高强度。依据含碳量的大小，碳素钢筋可分为低碳钢（含碳量不大于 0.25%）、中碳钢（含碳量为 0.25%～0.60%）和高碳钢（含碳量小于 0.60%）。在一定范围内提高含碳量，虽能提高钢筋强度，但同时降低塑性，可焊性变差。在建筑工程中主要使用低碳钢和中碳钢。

2）合金钢筋。含有锰、硅、钛和钒的合金元素的钢筋，称为合金钢筋。在钢中加入少量的锰、硅元素可提高钢筋强度，并保持一定塑性。在钢中加入少量的钛和钒可显著提高钢的强度，并可提高塑性和韧性，改善焊接性能。

（3）按外形分为：光圆钢筋和变形钢筋。

（4）按应力-应变曲线图形分为：软钢和硬钢。（在钢筋的力学性能中有详细介绍。）

二、钢筋的力学性能

（一）拉伸性能

钢筋混凝土所用钢筋，按其拉伸实验所得到的应力-应变曲线性质的不同，分为有明显屈服点的钢筋（如热轧钢筋、冷拉钢筋）和无明显屈服点的钢筋（如热处理钢筋、钢丝、钢绞线）。

1. 有明显屈服点的钢筋（又称为软钢）

拉伸时的典型应力-应变曲线如图 8-5 所示，从加载到断裂分为弹性阶段、屈服阶段、强化阶段和局部收缩四个阶段。由应力-应变曲线可以反映钢筋力学性能的指标主要有弹性模量（弹性阶段应力应变曲线的斜率）、屈服强度和极限强度。伸长率 δ（断裂后的残余应变）是反映钢筋塑性性能。伸长率越大，塑性越好。

在进行钢筋混凝土结构设计时，对有明显屈服点钢筋是以屈服强度作为强度取值的依据，这是因为构件中的钢筋应力达到屈服点后，钢筋将产生很大的塑性变形，即使卸去荷载也不能恢复，这就会使构件产生很大的裂缝和变形，以致不能使用。

强度级别不同的软钢，其应力-应变曲线有所不同。Ⅰ～Ⅳ级热轧钢筋的应力-应变曲线如图 8-6 所示，由图 8-6 可见，随着级别的提高，钢筋的强度增加，伸长率降低，即塑性降低。

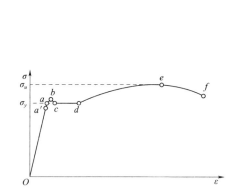

图 8-5　有明显屈服点钢筋的应力-应变关系

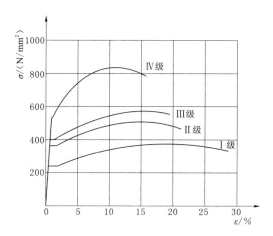

图 8-6　各级热轧钢筋的应力-应变曲线

2. 无明显屈服点的钢筋（又称为硬钢）

拉伸时的典型应力-应变曲线如图 8-7 所示，此类钢筋在拉伸过程中，其应力与应变关系曲线无明显屈服点，钢筋强度很高，但塑性性能差。无明显屈服点的钢筋是取残余应变为 0.2% 所对应的应力作为假想屈服点，或称条件屈服强度，用 $\sigma_{0.2}$ 表示，并以此条件屈服强度为其设计强度取值依据，《混凝土结构设计规范》（GB 50010—2010）规定取 $\sigma_{0.2}$ 为极限强度的 0.85 倍。

（二）冷弯性能

钢筋除了有足够的强度外，还应具有一定的塑性变形能力，反映钢筋塑性性能的基本指标除了伸长率外，还有冷弯性能。冷弯性能指钢筋在常温下承受弯曲的能力，采用冷弯试验测定，如图 8-8 所示。冷弯试验的合格标准为：将直径为 d 的钢筋在规定的弯心直径 D 和冷弯角度 α 下弯曲后，在弯曲处钢筋应无裂纹、鳞落或断裂现象。弯心直径 D 越小，冷弯角度 α 越大，说明钢筋的塑性越好。

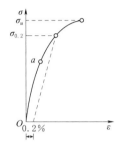

图 8-7　无明显屈服点钢筋的应力-应变关系　　　图 8-8　钢筋冷弯

（三）检验钢材的质量指标

为保证钢筋在结构中能满足规定的各项要求，则钢筋质量应予以保证。

（1）对有明显屈服点钢材的主要检测指标是：屈服强度、极限抗拉强度、伸长率和冷弯性能。

（2）对无明显屈服点钢材的主要检测指标是：极限抗拉强度、伸长率和冷弯性能。

三、钢筋的冷加工

钢筋的冷加工是指对有明显屈服点的钢筋进行冷拉或冷拔，以此方式可使钢筋的内部组织发生变化，达到提高钢筋强度的目的。

（一）冷拉

冷拉是把钢筋张拉到应力超过屈服点，进入到强化阶段的某一应力时，然后卸载到应力为零，此种钢筋即为冷拉钢筋。如果对冷拉钢筋再次张拉，能获得比原来更高的强度，这种现象称为钢筋的"冷拉强化"；如果将卸载后的冷拉钢筋停放一段时间后，再进行张拉，其屈服强度还会有所提高，但伸长率降低，这种现象称为钢筋的"时效硬化"。

必须说明，冷拉只能提高钢筋的抗拉强度，不能提高其抗压强度，同时钢筋经过冷拉后抗拉强度虽有所提高，但塑性显著降低。为保证钢筋经过冷拉后仍能保持一定塑性，冷拉时应合理地选择冷拉应力值和冷拉伸长率。冷拉工艺分为单控（只控制伸长率）和双控（同时控制冷拉应力和伸长率）两种方法。

（二）冷拔

冷拔是用强力把直径较小的热轧 HPB300 级钢筋拔过比它本身直径小的硬质合金拔丝模，迫使钢筋截面缩小，长度增大；钢筋在拉拔过程中同时受到侧向挤压和轴向拉力作用，钢筋内部结构发生变化，直径变细，长度增加，从而使强度显著提高，但塑性降低。冷拔可以同时提高钢筋的抗拉和抗压强度。

四、钢筋的选用

《混凝土结构设计规范》（GB 50010—2010）根据混凝土构件对受力的性能要求，规定了各种牌号钢筋的选用原则。要求混凝土结构的钢筋应按下列规定选用。

（1）纵向受力普通钢筋宜采用 HRB400、HRB500、HRBF400、HRBF500 钢筋，也可采用 HPB300、HRB335、RRB400 钢筋。

（2）梁、柱纵向竖立普通钢筋应采用 HRB400、HRB500、HRBF400、HRBF500 钢筋。

（3）箍筋宜采用 HRB300、HRB335、HRB400、HRBF400、HRB500、HRBF500 钢筋。

（4）预应力钢筋宜采用预应力钢丝、钢绞线和预应力螺纹钢筋。

第三节 钢筋与混凝土共同工作原理

一、钢筋与混凝土共同工作原理

钢筋混凝土由钢筋和混凝土这两种性质不同的材料结合在一起共同工作，目的是充分发挥各自在的优点，取长补短，提高承载能力。因为混凝土具有较强的抗压能力，但抗拉能力很弱，而钢筋的抗拉能力很强，两种材料结合后，混凝土主要承受压力，钢筋主要承受拉力，以满足工程结构的使用要求。

钢筋和混凝土这两种性质不同的材料为什么能有效地结合在一起而共同工作？主要原因如下：

（1）混凝土硬化后，钢筋和外围混凝土之间产生了良好的黏结力。通过黏结作用可以传递混凝土和钢筋之间的应力，协调变形。

钢筋与混凝土之间的黏结力主要由以下三部分组成：①混凝土收缩将钢筋握紧，二者接触面产生的摩擦力；②混凝土中水泥凝胶体与钢筋表面产生的化学胶结力；③钢筋表面凹凸不平与混凝土之间产生的机械咬合力。

光面钢筋的黏结力主要由摩擦力和化学胶结力组成；变形钢筋的黏结力主要由机械咬合力组成。

（2）钢筋和混凝土之间有相近的线膨胀系数，当温度变化时，变形基本协调一致。

（3）混凝土包裹在钢筋表面，防止锈蚀，对钢筋起保护作用，从而保证了钢筋混凝土构件的耐久性。

二、影响钢筋与混凝土黏结强度的因素

钢筋与混凝土的黏结面上所能承受的平均剪应力的最大值称为黏结强度。黏结强度通常可用拔出试验确定，如图 8-9 所示，将钢筋的一端埋入混凝土，在另一端施加拉力，将其拔出。试验表明，钢筋与混凝土之间的黏结应力沿钢筋长度方向分布不均匀，最大黏结应力在离端部某 距离处，越靠近钢筋尾部，黏结应力越小。钢筋埋入长度越长，拔出

力越大。

拔出试验测定的黏结强度 f_τ 是指钢筋拉拔力到达极限时钢筋与混凝土剪切面上的平均剪应力，可用下式计算

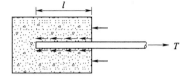

$$f_\tau = \frac{T}{\pi d l} \qquad (8-5)$$

图 8-9 钢筋的拔出试验

式中　T——拉拔力的极限值；

　　　d——钢筋的直径；

　　　l——钢筋埋入长度。

影响钢筋与混凝土黏结强度的因素很多，主要有：

（1）混凝土的强度。混凝土的强度越高，钢筋与混凝土黏结强度也越高。

（2）钢筋表面形状和钢筋直径。变形钢筋与混凝土黏结强度比光面钢筋大。钢筋的黏结面积与截面周界长度成正比。

（3）浇筑状态。浇捣水平构件时，当钢筋下面的混凝土深度较大（如大于 300mm）时，由于混凝土的泌水下沉和水分气泡的逸出，在钢筋底面会形成一层不够密实强度较低的混凝土层，从而使钢筋与混凝土之间的黏结强度降低。因此施工时，对高度较大的水平构件应分层浇筑，并宜采用二次振捣方法，保证钢筋周围的混凝土密实。

（4）保护层厚度和钢筋净距。钢筋的混凝土保护层厚度指钢筋外皮至构件表面的最小距离（c，mm）。增大保护层厚度，加强了外围混凝土的抗劈裂能力，显然能提高钢筋与混凝土之间的黏结强度。但是，当混凝土保护层厚度 $c > (5 \sim 6)d$ 后，钢筋与混凝土之间的黏结强度不再增大。

钢筋的净距 s 太小，会使混凝土产生水平劈裂从而使整个保护层剥落。

（5）横向钢筋。设置横向钢筋（如箍筋、螺旋筋）可增强混凝土的侧向约束，因而提高钢筋与混凝土之间的黏结强度。

（6）侧向压应力。当钢筋受到侧向压应力时（如支座处的下部钢筋），黏结强度将增大，且变形钢筋由此增大的黏结强度明显高于光面钢筋。

我国《混凝土结构设计规范》（GB 50010—2010）采取有关构造措施来保证钢筋与混凝土的黏结强度，如规定钢筋保护层厚度、钢筋搭接长度、锚固长度、钢筋净距和受力光面钢筋端部做成弯钩等。

本　章　小　结

（1）混凝土的强度有立方体抗压强度、轴心抗压强度和轴心抗拉强度。其中，立方体抗压强度是混凝土最基本的强度指标，使划分混凝土强度等级的依据，混凝土的其他力学指标可由立方体抗压强度换算得到。

（2）由混凝土的应力-应变曲线可知混凝土是弹塑性材料。

（3）对混凝土加压到某个应力值后，维持应力不变，则混凝土的应变将随时间增加而增长，此现象称为徐变。徐变对结构或构件产生不利影响。

（4）钢筋的冷加工主要有冷拉和冷拔。钢筋冷加工后强度有所提高，但塑性性能下降。冷拉可以提高钢筋的抗拉强度但不能提高抗压强度；冷拔既可以提高钢筋的抗拉强度又能提高抗压强度。

（5）钢筋按应力-应变曲线可分为有明显屈服点的钢筋和无明显屈服点的钢筋。有明显屈服点的钢筋是以钢筋的屈服强度作为钢筋强度限值的依据，无明显屈服点的钢筋以条件屈服强度作为钢筋强度限值的依据。

复 习 思 考 题

1. 混凝土的强度指标有哪些？混凝土的强度等级是如何划分的？
2. 混凝土受压时的应力-应变曲线有何特点？
3. 混凝土的变形分哪两类？各包括哪些变形？
4. 什么是混凝土的徐变？徐变对构件有何不利影响？
5. 影响混凝土徐变的主要因素是什么？各如何影响？
6. 什么是混凝土的收缩？收缩对构件有何不利影响？
7. 影响混凝土收缩的主要因素是什么？各如何影响？
8. 温度变形对大体积混凝土结构有何影响？如何减少影响？
9. 反映钢筋塑性变形性能的指标有哪两项？冷弯的合格标准是什么？
10. 何谓软钢？何谓硬钢？
11. 在钢筋混凝土结构计算中，对软钢和硬钢设计强度的取值依据有何不同？
12. 为什么钢筋和混凝土能够共同工作？
13. 影响钢筋和混凝土之间黏结强度的主要因素有哪些？

第九章 钢筋混凝土梁和板的分析计算

【能力目标、知识目标】

能力目标：通过学习掌握梁、板的构造要求；培养学生具备分析钢筋混凝土受弯构件正截面破坏和斜界面破坏原因的能力；掌握各类钢筋的作用和防止破坏的措施；学会单筋矩形截面受弯构件正截面承载力计算公式的推导过程，并能熟练地利用该公式进行截面设计和校核；掌握双筋矩形和 T 形截面受弯构件正截面设计和复核的方法；掌握钢筋混凝土受弯构件的一般构造要求。

知识目标：通过学习掌握钢筋混凝土受弯构件正截面的配筋计算和截面承载力校核；熟悉《混凝土结构设计规范》（GB 50010—2010）；熟练识读结构施工图。

【学习要求】

知 识 要 点	能 力 要 求	相 关 知 识
梁、板的有关构造要求	能进行梁、板的配筋构造	受弯构件内力分布、钢筋和混凝土材料性能
单筋矩形截面受弯构件正截面承载力计算	能熟练进行单筋矩形截面正截面承载力配筋计算和承载力校核	受弯构件弯矩图、正应力分布；受弯构件正截面破坏特征；单筋矩形截面受弯承载力计算公式推导及适用范围
双筋矩形截面受弯构件正截面承载力计算	能进行双筋矩形截面正截面承载力配筋计算和承载力校核	双筋矩形截面受弯承载力计算公式推导及适用范围
T 形截面受弯构件正截面承载力计算	能进行 T 形截面正截面承载力配筋计算和承载力校核	第一类和第二类 T 形截面的判定；两类 T 形截面受弯构件正截面承载力计算公式和适用范围

第一节 认 知 受 弯 构 件

钢筋混凝土受弯构件是指仅承受弯矩和剪力作用的构件。在工业和民用建筑中，钢筋混凝土受弯构件是结构构件中用量最大、应用最为普遍的一种构件。如建筑物中大量的梁、板都是典型的受弯构件。一般建筑中的楼、屋盖板和梁、楼梯，多层及高层建筑钢筋混凝土框架结构的横梁，厂房建筑中的大梁、吊车梁、基础梁等都是按受弯构件设计。

仅在截面的受拉区按计算配置受力钢筋的受弯构件称为单筋受弯构件；在截面的受拉区和受压区都按计算配置受力钢筋的受弯构件称为双筋受弯构件。

实践和理论证明，受弯构件由于荷载作用引起的破坏有两种可能：一种是由弯矩引起的破坏，破坏截面与构件的纵轴线垂直，称为正截面破坏；另一种是由弯矩和剪力共同作用而引起的破坏，破坏截面是倾斜的，称为斜截面破坏（图 9-1）。因此，在进行受弯构件设计时，需要进行正截面受弯承载力计算、斜截面受剪承载力计算。为了保证正常使用，还要进行构件变形和裂缝宽度的验算。除此之外，还需采取一系列构造措施，才能保证构件的各个部位都具有足够的抗力，才能使构件具有必要的适用性和耐久性。

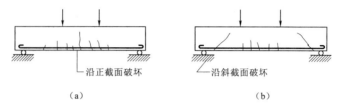

图 9-1　受弯构件的破坏截面

　　所谓的构造措施，是指那些在结构计算中不易详细考虑而被忽略的因素，在施工方便和经济合理的前提下，采取的一些技术补救措施。

　　本章内容之间关系如下：

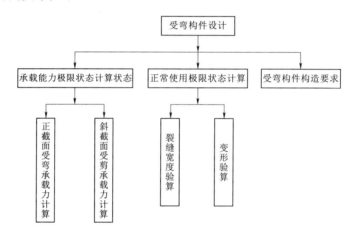

第二节　受弯构件的一般构造要求

一、梁的一般构造要求

（一）梁的截面形式和尺寸

1. 截面形式

梁的截面形式有矩形、T形、工字形、L形、倒T形、十字形及花篮形（图 9-2）。其中，矩形、T形最为常用。

图 9-2　梁的截面形式

2. 截面尺寸

梁的截面尺寸须满足强度、刚度和最小裂缝宽度三方面的要求。在设计时，首先确定梁高，再确定梁的宽度。

（1）梁的高度 h。从满足刚度条件出发，简支梁、连续梁和悬臂梁的截面高度可按表 9-1 采用，此时，梁的挠度要求一般能得到满足，不需验算挠度变形。

表 9-1 梁 的 截 面 高 度

项次	构 件 种 类		简支	两端连续	悬臂
1	整体肋形梁	次梁	$l_0/15$	$l_0/20$	$l_0/8$
		主梁	$l_0/12$	$l_0/15$	$l_0/6$
2	独立梁		$l_0/12$	$l_0/15$	$l_0/6$

注 1. l_0 为梁的计算跨度。
2. 梁的计算跨度 $l_0 \geqslant 9m$ 时，表中数值应乘以 1.2 的系数。

为了施工方便，利于模板定型化，梁的截面高度一般采用：200mm、250mm、300mm、350mm、…、750mm、800mm、900mm、1000mm 等。当梁高 $h \leqslant 800mm$ 时，取 50mm 的倍数；当梁高 $h > 800mm$ 时，取 100mm 的倍数。

（2）梁的宽度 b。梁的宽度 b 一般根据梁的高度 h 来确定。对于矩形截面梁，取 $b = (1/3.5 \sim 1/2.0)h$；对于 T 形截面梁，取 $b = (1/4.0 \sim 1/2.5)h$。

为了施工方便，利于模板定型化，梁的截面宽度一般采用：150mm、180mm、200mm、…，当宽度 $b > 200mm$ 时，应取 50mm 的倍数。

（二）支承长度

当梁的支座为砖墙或砖柱时，可看作简支支座，梁伸入砖墙、柱的支承长度 a 应满足梁下砌体的局部抗压强度并满足梁内受力钢筋在支座处的锚固要求，且当梁高 $h \leqslant 500mm$ 时，$a \geqslant 180mm$；$h > 500mm$ 时，$a \geqslant 240mm$。

当梁支承在钢筋混凝土梁（柱）上时，其支承长度 $a \geqslant 180mm$。钢筋混凝土桁条支承在砖墙上时，$a \geqslant 120mm$，支承在钢筋混凝土梁上时，$a \geqslant 80mm$。

（三）梁的钢筋

在一般的钢筋混凝土梁中，通常配置有纵向受力钢筋、架立钢筋、箍筋和弯起钢筋，如图 9-3 所示。当梁的截面高度较大时，还应在梁侧设置构造钢筋。下面主要讨论纵向受力钢筋、架立钢筋和梁侧构造钢筋的构造要求，箍筋和弯起钢筋的构造要求，详见第四节。

1. 纵向受力筋

纵向受力筋的作用主要是承受由弯矩在梁内产生的拉力，所以，应将纵向受力筋布置在梁的受拉一侧。纵向受力筋的数量需要通过计算确定。

（1）直径。纵向受力筋的直径通常采用 12~25mm，一般不宜大于 28mm。

当梁高 $h \geqslant 300mm$ 时，直径不应小于 10mm；当梁高 $h < 300mm$ 时，直径不应小于 8mm。

同一构件中钢筋直径的种类宜少，为便于施工工人肉眼识别以免出差错，两种不同直径的钢筋，其直径相差不宜小于 2mm。但直径也不可相差太多。

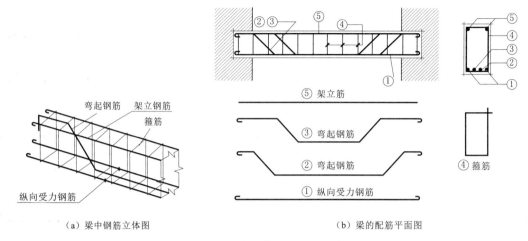

（a）梁中钢筋立体图 （b）梁的配筋平面图

图 9-3 梁中钢筋立体图和梁的配筋平面图

（2）间距。为保证钢筋和混凝土之间具有足够的黏结强度，钢筋之间应留有一定的净距（图 9-4）。《混凝土结构设计规范》（GB 50010—2010）规定：①梁上部纵向受力筋净距不得小于 30mm 和 $1.5d$（d 为受力钢筋的最大直径）；②梁下部纵向受力筋净距不得小于 25mm 和 d；③各层钢筋之间的净距应不小于 25mm 和 d。

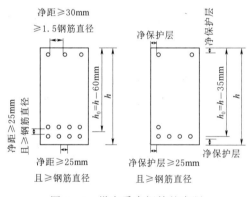

图 9-4 纵向受力钢筋的净距

（3）钢筋的根数。钢筋的根数与直径有关，直径较大，则根数较少，反之，直径较细，则根数较多。但直径较大，裂缝的宽度也会增大，根数过多，又不能满足净距要求，所以，需综合考虑再确定。但一般不应少于两根，只有当梁宽小于 100mm 时，可取一根。

（4）钢筋的层数。纵向受力钢筋的层数，与梁的宽度、混凝土保护层厚度、钢筋根数、直径、间距等因素有关，通常要求将钢筋沿梁的宽度均匀布置，尽可能排成一排，若根数较多，难以排成一排，可排成两排。同样数量的钢筋，单排比双排的抗弯能力强。

2. 架立钢筋

架立钢筋的作用是固定箍筋的正确位置和形成钢筋骨架，还可以承受因温度变化、混凝土收缩而产生的拉力，以防止发生裂缝。架立钢筋一般为两根，布置在梁的受压区外缘两侧，平行于纵向受力筋（如在受压区布置纵向受压钢筋时，受压钢筋可兼作架立钢筋，可以不再配置架立钢筋）。

架立钢筋的直径与梁的跨度有关。当梁的跨度小于 4m 时，其直径不宜小于 6mm；当跨度等于 46m 时，直径不宜小于 8mm；当跨度大于 8m 时，直径不宜小于 10mm。

3. 梁侧构造钢筋

当梁的腹板高度 $h_w > 450mm$ 时，在梁的两个侧面应沿梁高每隔一定间距配置纵向构造钢筋（俗称腰筋），并用拉筋联系。每侧纵向构造钢筋的截面面积不应小于腹板截面面积的 0.1%，间距不宜大于 200mm，拉筋的直径与箍筋相同，拉筋的间距一般取箍筋间距的 2 倍（图 9-5）。

梁侧构造钢筋的作用是：防止当梁太高时由于混凝土收缩和温度变形而产生的竖向裂缝，同时还可以加强钢筋骨架的刚度。

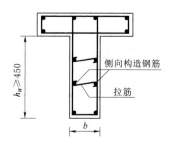

图 9-5 梁侧构造钢筋

二、板的一般构造要求

（一）板的厚度

板的厚度除应满足强度、刚度和最小裂缝宽度的要求外，还应考虑施工方便和经济因素等。现浇板的厚度 h 取 10mm 为模数，从刚度条件出发，板的厚度可按表 9-2 确定，同时板的最小厚度不应小于表 9-3 规定的数值。

表 9-2 　　　　　　　　不需作挠度计算的板的最小厚度

项次	板的支承情况	板 的 种 类		
		单向板	双向板	悬臂板
1	简支	$l_0/35$	$l_0/45$	—
2	连续	$l_0/40$	$l_0/50$	$l_0/12$

注　l_0 为板的计算跨度。

表 9-3 　　　　　　　　现浇钢筋混凝土板的最小厚度

板 的 类 别		最小厚度/mm
单向板	屋面板	60
	民用建筑楼板	60
	工业建筑楼板	70
	行车道下的楼板	80
双向板		80
密肋板	肋间距小于或等于 700mm	40
	肋间距大于 700mm	50
悬臂板	板的悬臂长度小于或等于 500mm	60
	板的悬臂长度大于 500mm	80
无梁楼板		150

（二）板的支承长度

1. 现浇板

现浇板在砖墙上的支承长度一般不小于板厚及 120mm，且应满足受力钢筋在支座内的锚固长度要求。

2. 预制板

预制板在砖墙上的支承长度不宜小于 100mm。

预制板在钢筋混凝土梁上的支承长度不宜小于 80mm。

预制板在钢屋架或钢梁上的支承长度不宜小于 60mm。

（三）板中钢筋

板中通常配有受力钢筋和分布钢筋。受力钢筋沿板的跨度方向在受拉区布置；分布钢筋则沿垂直受力钢筋方向布置（图 9-6），配置在受力钢筋的内侧。

1. 受力钢筋

受力钢筋的作用是承受由弯矩产生的拉力。工程中通常采用Ⅰ级或Ⅱ级钢筋，直径多采用 6～12mm，钢筋间距一般在 70～200mm 之间，规定：当板厚 $h \leqslant 150mm$ 时，钢筋间距不应大于 200mm；当板厚 $h > 150mm$ 时，不应大于 $1.5h$，且不应大于 250mm。

2. 分布钢筋

分布钢筋的作用是将板上的荷载均匀地传给受力钢筋，并抵抗由于温度变化和混凝土收缩而产生的拉力，防止沿跨度方向引起裂缝，同时固定受力钢筋的正确位置。

分布钢筋可按构造配置。《混凝土结构设计规范》（GB 50010—2010）规定：板中单位长度上分布钢筋的截面面积不宜小于单位宽度上受力钢筋截面面积的 15%，且不宜小于该方向板截面面积的 0.15%；其间距不宜大于 250mm，直径不宜小于 6mm，如果受力钢筋的直径为 12mm 或以上时，直径可取 8mm 或 10mm。对集中荷载较大的情况，分布钢筋的截面面积应适当增加，其间距不宜大于 200mm。

三、混凝土的保护层厚度

为了防止钢筋锈蚀和保证钢筋与混凝土之间紧密黏结而共同工作，梁、板的钢筋都应具有足够的混凝土保护层。混凝土保护层是从钢筋外边缘算起。

梁、板的混凝土保护层最小厚度按表 9-4 采用，且不应小于受力钢筋的直径，如图 9-6 所示。

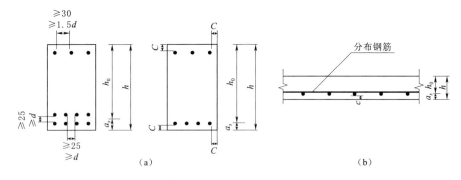

图 9-6　梁、板混凝土保护层及有效高度

C—混凝土保护层厚度

表 9-4　　　　　　　　　　混凝土保护层最小厚度 C　　　　　　　　　　单位：mm

环　境　类　别		板、墙、壳	梁、柱、杆
一		15	20
二	a	20	25

续表

环　境　类　别		板、墙、壳	梁、柱、杆
二	b	25	35
三	a	30	40
	b	40	50

注　1. 混凝土强度等级不大于 C25 时，保护层厚度数值应增加 5mm。

　　2. 钢筋混凝土基础宜设置混凝土垫层，基础中钢筋的混凝土保护层应从垫层顶面算起，且不应小于 40mm。

四、截面的有效高度

计算梁、板受弯构件承载力时，因为混凝土开裂后，拉力完全有钢筋承担，这时梁能充分发挥作用的截面高度应为纵向受拉钢筋合力作用点至受压区混凝土外边缘的距离，这一距离称为截面的有效高度，用 h_0 表示。

根据钢筋净距和混凝土保护层的规定，并考虑到梁、板常用的钢筋直径，室内正常环境的梁、板的截面有效高度可按如下近似数值取用：

梁：当 $>$ C20 时，$h_0 = h - 35mm$　　（一排钢筋）

　　　　　　　　$h_0 = h - 60mm$　　（二排钢筋）

　　当 $\leqslant$ C20 时，$h_0 = h - 40mm$　　（一排钢筋）

　　　　　　　　$h_0 = h - 65mm$　　（二排钢筋）

板：当 $>$ C20 时，$h_0 = h - 20mm$

　　当 $\leqslant$ C20 时，$h_0 = h - 25mm$

第三节　受弯构件正截面承载力计算

一、受弯构件正截面破坏特征

受弯构件正截面的破坏特征主要与受拉钢筋的配筋率 ρ 的大小有关。受弯构件的配筋率 ρ，等于纵向受拉钢筋的截面面积与正截面的有效面积之比，即

$$\rho = \frac{A_s}{bh_0} \tag{9-1}$$

式中　A_s——纵向受力钢筋的截面面积，mm^2；

　　　　b——截面宽度，mm；

　　　　h_0——截面的有效高度。

需要说明的是，在验算最小配筋率时，有效面积应该为截面全面积。

试验表明，由于配筋率 ρ 的不同，钢筋混凝土受弯构件产生不同的破坏情况，根据正截面的破坏特征，梁可分为适筋梁、超筋梁和少筋梁。三种梁若以配筋率来表示则：$\rho_{min} \leqslant \rho \leqslant \rho_{max}$ 为适筋梁；$\rho > \rho_{max}$ 为超筋梁；$\rho < \rho_{min}$ 为少筋梁。下面介绍三种梁的破坏特征。

（一）适筋梁

适筋梁是指受拉钢筋配置适量（$\rho_{min} \leqslant \rho \leqslant \rho_{max}$）的梁。

以对称集中荷载作用下梁的纯弯段为研究对象，进行荷载从零分级增加直至梁破坏试

验观察，结果表明，适筋梁从加载到破坏可分为三个阶段（图 9-7）。

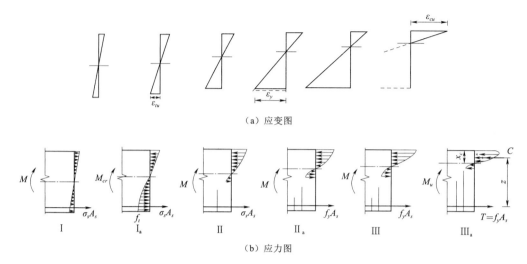

（a）应变图

（b）应力图

图 9-7 钢筋混凝土梁正截面的三个工作阶段

1. 第Ⅰ阶段——弹性工作阶段

从加载开始到梁受拉区混凝土出现裂缝以前为第Ⅰ阶段。

当作用在梁上的荷载很小时，在截面中和轴以上的混凝土受压，中和轴以下的混凝土受拉。此时，拉、压应力都很小，截面处于弹性阶段。截面拉、压应变增长速度大体相等，沿截面高度呈直线变化，受压区和受拉区混凝土应力分布图形都接近三角形。

在此阶段受拉区混凝土尚未开裂，整个截面都参加工作，所以，也称为第Ⅰ阶段为整体工作阶段。

随着荷载的增加，因混凝土抗拉能力远低于抗压能力，截面受拉区混凝土表现塑性性能，其拉应变的增长速度逐渐比压应变的增长速度快，拉区应力分布渐呈抛物线。当弯矩增加到开裂弯矩 M_{cr} 时，受拉区边缘混凝土达到其极限拉应变 ε_{tu}，受拉区边缘拉应力达到混凝土的极限抗拉强度 f_t，此时，达到第Ⅰ阶段的极限状态，即Ⅰ$_a$状态，梁即将开裂。而由于混凝土的抗压强度较高，受压区边缘混凝土的相对变形还很小，故受压区混凝土基本处于弹性阶段，应力接近三角形。构件抗裂验算以Ⅰ$_a$应力状态为计算依据。

2. 第Ⅱ阶段——带裂缝工作阶段

随着荷载的继续增加，受拉区混凝土的应力超过极限抗拉强度，受拉区边缘混凝土开裂，截面进入第Ⅱ阶段，称为带裂缝工作阶段。由于拉区混凝土开裂而大部分退出工作，拉力由钢筋承担，钢筋拉应力和拉应变突增，裂缝开展，截面中和轴上移，受压区高度减小，受压区混凝土开始表现出塑性性质，受压区应力图形逐渐由三角形转化为抛物线形。随着荷载继续增加，钢筋应力不断增大，当裂缝截面处钢筋应力达到屈服强度 f_y，即达到这个阶段的极限状态，用Ⅱ$_a$表示。这时截面所承担的弯矩称为屈服弯矩 M_y。

第Ⅱ阶段应力状态代表了受弯构件在使用时的应力状态，所以，第Ⅱ阶段应力图形是受弯构件裂缝宽度和变形验算的依据。

3. 第Ⅲ阶段——破坏阶段

受拉钢筋屈服后，即进入第Ⅲ阶段。这时钢筋进入塑性阶段，荷载基本不变，钢筋的应力基本保持 f_y 不变，而应变继续增长，受拉区混凝土的裂缝迅速向上扩展，中和轴继续上移，受压区高度减小，压应力增大，混凝土的塑性性质表现更充分，压应力图形呈明显抛物线形。当截面弯矩增加到极限弯矩 M_u 时，受压区边缘混凝土的应变达到极限压应变 ε_u，压应力峰值达到其抗压强度，混凝土被纵向压碎，导致梁最终破坏，此时，达到第Ⅲ阶段的极限状态，用Ⅲ$_a$表示。此时的应力状态作为受弯构件承载力计算的依据。

综上所述，适筋梁的破坏特征是：受拉钢筋先屈服，然后进入塑性阶段，产生明显的塑性变形，梁的挠度、裂缝随之增大，最后混凝土压碎宣告梁破坏。此种破坏称为适筋破坏。在此过程中，由于钢筋屈服并产生很大塑性变形，引起裂缝急剧开展，梁的挠度增大，给人以明显的破坏预兆，故称此种破坏为塑性破坏。由于适筋梁的受力合理，钢筋和混凝土的材料性能都得到充分发挥，所以在实际工程中将梁都设计成适筋梁。

（二）超筋梁

受拉钢筋配置过多（$\rho > \rho_{max}$）的梁称为超筋梁。超筋梁的破坏特征是：由于受拉钢筋配置过量，受压边缘混凝土先达到极限压应变，在钢筋屈服之前，受压区混凝土先被压碎，构件宣告破坏。此种破坏是由于钢筋配筋率超过某一限值后发生的，故称为超筋破坏。在此过程中，由于钢筋未达到屈服强度，受拉区的裂缝开展不明显，挠度较小，截面没有明显的预兆，破坏是由于混凝土被压碎引起的，破坏比较突然，此种破坏称为"脆性破坏"。超筋破坏不仅没有明显预兆，比较突然，不安全，另外用钢量大，也不经济，因此设计时不允许将梁设计成超筋梁。

（三）少筋梁

受拉钢筋配置过少（$\rho < \rho_{min}$）的梁，称为少筋梁。加载初期，钢筋和混凝土共同承担截面的拉力，随着荷载的增加，少筋梁的拉区混凝土一旦开裂，拉力完全由钢筋承担，由于钢筋数量少，钢筋应力立即达到屈服强度甚至进入强化阶段，使梁产生严重下垂或断裂破坏，此种破坏称为"少筋破坏"。少筋梁破坏时裂缝往往集中出现一条，破坏前没有明显预兆，此种破坏也称为脆性破坏。由于少筋梁破坏前无明显预兆，不安全，而且破坏时混凝土的材料性能没有充分发挥，不经济，因此设计时不允许将梁设计成少筋梁。

通过以上分析可知，适筋梁与超筋梁的界限是最大配筋率 ρ_{max}；适筋梁与少筋梁的界限是最小配筋率 ρ_{min}。

二、受弯构件正截面承载力计算的基本原理

（一）基本假定

如前所述，钢筋混凝土受弯构件的强度计算，是以适筋梁Ⅲ$_a$阶段的应力图形为依据。为了建立基本公式，我们采用下面一些基本假定：

（1）平截面假定：正截面在弯曲变形后仍能保持平面，即截面中的应变按线形规律分布。

（2）不考虑拉区混凝土参加工作，拉力全部由钢筋承担。

（3）采用理想化的混凝土应力-应变关系曲线为计算依据（图 9－8）。它的表达式可写成：

当 $0 \leqslant \varepsilon_c \leqslant \varepsilon_0$ 时，

$$\sigma_c = f_c \left[1 - \left(1 - \frac{\varepsilon_c}{\varepsilon_0} \right)^n \right]$$

$$n = 2 - \frac{1}{60}(f_{cu,k} - 50)$$

$$\varepsilon_0 = 0.002 + 0.5(f_{cu,k} - 50) \times 10^{-5}$$

$$\varepsilon_{cu} = 0.003 - (f_{cu,k} - 50) \times 10^{-5}$$

当 $\varepsilon_0 < \varepsilon_c \leqslant \varepsilon_{cu}$ 时，

$$\sigma_c = f_c$$

（4）采用理想化的钢筋应力-应变关系曲线为计算依据（图9-9）。

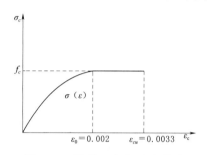
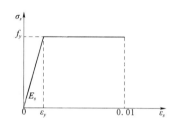

图9-8　混凝土应力-应变曲线　　　　图9-9　热轧钢筋应力-应变设计曲线

它的表达式可写成：

当 $0 \leqslant \varepsilon_s \leqslant \varepsilon_y$ 时，

$$\sigma_s = \varepsilon_s E_s$$

当 $\varepsilon_s > \varepsilon_y$ 时，

$$\sigma_s = f_y$$

纵向受拉钢筋的极限拉应变取为0.01。

（二）等效矩形应力图形

受弯构件正截面承载力计算以 III_a 阶段应力状态为依据，但此时应力曲线较复杂，不便实际应用。为方便计算，一般采用等效矩形应力图形来代替曲线应力图形（图9-10）。其简化的原则是：

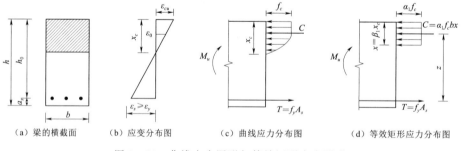

（a）梁的横截面　　　（b）应变分布图　　　（c）曲线应力分布图　　　（d）等效矩形应力分布图

图9-10　曲线应力图形与等效矩形应力图形

（1）等效矩形应力图形面积与曲线应力图形面积相等，即受压区混凝土合力大小不变。

（2）等效矩形应力图形合力作用位置与曲线应力图形合力作用位置相同，即保持原来受压区混凝土的合力作用点不变。

根据上述简化原则，等效矩形应力图形的受压区高度 x 为 $\beta_1 x_c$；等效矩形应力图形的应力为 $\alpha_1 f_c$。当混凝土的强度等级不超过C50时，$\beta_1 = 0.8$，$\alpha_1 = 1.0$。

（三）适筋梁的界限条件

为了保证受弯构件在适筋范围，不发生超筋破坏和少筋破坏，构件的配筋率就必须满足 $\rho_{min} \leqslant \rho \leqslant \rho_{max}$。那么，就需要确定 ρ_{max} 和 ρ_{min}。

1. 界限相对受压区高度 ξ_b 和最大配筋率

由适筋梁和超筋梁的破坏特征比较可知，两者相同点是破坏时受压区的混凝土被压碎；不同点是适筋梁破坏时受拉钢筋已屈服，而超筋梁破坏时受拉钢筋未屈服。那么，在二者之间一定有一个界限，即受拉钢筋屈服的同时受压区边缘混凝土也达到极限压应变，这种破坏称为界限破坏（图9-11）。此时的配筋率是保证不发生超筋破坏、限制适筋梁的最大配筋，称为最大配筋率，用 ρ_{max} 表示。

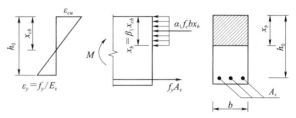

图 9-11 界限破坏的应力应变图形

界限破坏时受压区高度为 x_b，它与截面有效高度 h_0 的比值称为界限相对受压区高度，用 ξ_b 表示，即

$$\xi_b = x_b / h_0 \tag{9-2}$$

由图 9-10 的几何关系可得

$$\xi_b = \frac{x_b}{h_0} = \frac{\beta_1 x_{cb}}{h_0} = \frac{\beta_1 \varepsilon_{cu}}{\varepsilon_{cu} + \varepsilon_y} = \frac{\beta_1}{1 + \dfrac{f_y}{E_s \varepsilon_{cu}}} \tag{9-3}$$

若 $\leqslant$C50，将 $\varepsilon_{cu} = 0.0033$，$\beta_1 = 0.8$ 代入式（9-3），则有

$$\xi_b = \frac{0.8}{1 + \dfrac{f_y}{0.0033 E_s}} \tag{9-4}$$

利用平衡条件可得

$$\rho_{max} = \xi_b \frac{\alpha_1 f_c}{f_y}$$

对于常用有屈服点钢筋的钢筋混凝土构件，其界限相对受压区高度 ξ_b 值见表9-5。

表 9-5 钢筋混凝土构件的 ξ_b 值

钢筋级别	屈服强度	ξ_b						
		$\leqslant$C50	C55	C60	C65	C70	C75	C80
HPB300	270	0.614	—	—	—	—	—	—
HRB335	300	0.550	0.541	0.531	0.522	0.512	0.503	0.493
HRB400 RRB400	360	0.518	0.509	0.499	0.490	0.481	0.472	0.463

2. 最小配筋率

为保证受弯构件不出现少筋破坏，必须控制截面配筋率不得小于某一界限配筋率 ρ_{min}。最小配筋率原则上是根据配有最小配筋率的受弯构件的正截面破坏时所能承受的极限弯矩 M_u 与素混凝土截面所能承受的弯矩 M_{cr} 相等的条件来确定的，即 $M_u = M_{cr}$。并考

虑到混凝土收缩、温度及构造因素，可得，

$$\rho_{\min}=0.45\frac{f_t}{f_y} \tag{9-5}$$

对于矩形截面，最小配筋率 $\rho_{\min}$ 应取 0.2% 和 $0.45\dfrac{f_t}{f_y}$ 二者的较大值。

《混凝土结构设计规范》（GB 50010—2010）规定的纵向受力钢筋最小配筋率见表 9-6。

表 9-6　　　钢筋混凝土结构构件中纵向受力钢筋的最小配筋百分率 $\boldsymbol{\rho}_{\min}$

受　力　类　型			最小配筋百分率/%
受压构件	全部纵向钢筋	强度等级 500MPa	0.50
		强度等级 400MPa	0.55
		强度等级 300MPa、335MPa	0.60
	一侧纵向钢筋		0.20
受弯构件、偏心受拉、轴心受拉构件一侧的受拉钢筋			0.2 和 $45f_t/f_y$ 中的较大值

三、单筋矩形截面受弯构件正截面承载力计算

（一）基本公式及适用条件

根据等效矩形应力图形简化原则，得到截面应力图形如图 9-12 所示。由力的平衡条件可得基本公式及适用条件如下。

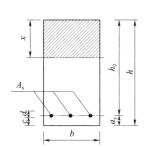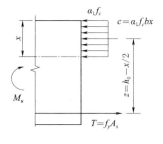

图 9-12　单筋矩形截面正截面承载力计算简图

1. 基本公式

由 $\sum X=0$ 　　　　　　　　　$\alpha_1 f_c bx = f_y A_s$ 　　　　　　　　(9-6)

由 $\sum M=0$ 　　　　　　$M\leqslant M_u=\alpha_1 f_c bx\left(h_0-\dfrac{x}{2}\right)$ 　　　　　(9-7)

或 　　　　　　　　$M\leqslant M_u=f_y A_s\left(h_0-\dfrac{x}{2}\right)$ 　　　　　　(9-8)

式中　α_1——系数，当混凝土强度等级不超过 C50 时，$\alpha_1=1.0$，为 C80 时，$\alpha_1=0.94$ 其间按线形内插法确定；

　　　f_c——混凝土轴心抗压强度设计值；

　　　b——矩形截面宽度；

h_0——矩形截面的有效高度；

f_y——受拉钢筋的强度设计值；

A_s——受拉钢筋截面面积；

M_u——构件正截面受弯承载力设计值；

x——等效矩形应力图形的混凝土受压区高度。

2. 适用条件

（1）为防止超筋，应符合的条件为

$$\xi \leqslant \xi_b \tag{9-9}$$

或
$$x \leqslant \xi_b h_0 \tag{9-10}$$

或
$$\rho \leqslant \rho_{\max} \tag{9-11}$$

或
$$M \leqslant M_{u,\max} = \alpha_1 f_c b h_0^2 \xi_b (1 - 0.5\xi_b) = \alpha_{s,\max} \alpha_1 f_c b h_0^2 \tag{9-12}$$

（2）为防止少筋，应符合的条件为

$$\rho = \frac{A_s}{bh} \geqslant \rho_{\min} \tag{9-13}$$

或
$$A_s \geqslant \rho_{\min} bh \tag{9-14}$$

（二）计算方法

受弯构件正截面承载力计算一般可分为两类：截面设计与截面复核。

截面设计是在已知弯矩设计值的情况下，选定材料，确定截面尺寸、配筋量和选用钢筋。首先，选择混凝土的强度等级和钢筋品种，然后确定截面尺寸，最后计算配筋量和选用钢筋。

截面复核一般是已知材料强度，截面尺寸和钢筋面积，要求计算该截面所能承担的极限弯矩，并与弯矩设计值比较，以确定构件是否安全。

计算方法有两种：基本公式法和表格法计算。从计算方便的角度考虑，截面设计应用两种方法均可，截面复核应用基本公式法。

1. 截面设计

已知：截面尺寸 b 和 h，混凝土及钢筋强度等级（f_c、f_y），截面弯矩设计值 M。

求：纵向受拉钢筋 A_s。

下面介绍基本公式法和表格法的计算步骤。

解法一：基本公式法

（1）计算混凝土受压区高度 x。

$$x = h_0 - \sqrt{h_0^2 - \frac{2M}{\alpha_1 f_c b}} \tag{9-15}$$

（2）验算防超筋条件。

若 $x \leqslant \xi_b h_0$

则
$$A_s = \frac{\alpha_1 f_c bx}{f_y} \tag{9-16}$$

若 $x > \xi_b h_0$ 则为超筋梁，说明截面尺寸过小，应加大截面尺寸重新设计。

（3）验算防少筋条件。

若 $A_s \geqslant \rho_{\min}bh$ 则配筋合理（其中 A_s 指实际配筋的钢筋面积）。

若 $A_s < \rho_{\min}bh$ 则说明截面尺寸过大，应适当减小截面尺寸。当截面尺寸不能减小时，则取

$$A_s = \rho_{\min}bh \tag{9-17}$$

解法二：表格法

式（3-7）可改为
$$M_u = \alpha_s \alpha_1 f_c b h_0^2 \tag{9-18}$$
式（3-8）可改为
$$M_u = f_y A_s \gamma_s h_0 \tag{9-19}$$
其中
$$\alpha_s = \xi(1-0.5\xi) \tag{9-20}$$
$$\gamma_s = 1-0.5\xi \tag{9-21}$$

表格法计算步骤：

（1）计算 α_s

$$\alpha_s = \frac{M}{\alpha_1 f_c b h_0^2} \tag{9-22}$$

（2）查表得相应的 ξ 或 γ_s（附录九）。

（3）求钢筋面积。

$$A_s = \xi b h_0 \frac{\alpha_1 f_c}{f_y} \tag{9-23}$$

或
$$A_s = \frac{M}{f_y \gamma_s h_0} \tag{9-24}$$

（4）确定钢筋的根数和直径（附录七和附录八）。

2. 截面复核

已知：截面尺寸 b 和 h，混凝土及钢筋强度等级（f_c、f_y），纵向受拉钢筋 A_s，截面弯矩设计值 M。求：截面所能承受的弯矩 M_u。

计算步骤：

（1）计算混凝土受压区高度 x。

$$x = \frac{f_y A_s}{\alpha_1 f_c b}$$

（2）验算。

若 $x \leqslant \xi_b h_0$　且　$A_s \geqslant \rho_{\min}bh$，则 $M_u = \alpha_1 f_c b x \left(h_0 - \dfrac{x}{2}\right)$。

若 $x > \xi_b h_0$，取 $x = \xi_b h_0$，则 $M_{u,\max} = \alpha_1 f_c b h_0^2 \xi_b(1-0.5\xi_b)$。

若 $A_s < \rho_{\min}bh$，按素混凝土计算 M_u。

（3）复核截面是否安全。

若 $M_u \geqslant M$，则安全；若 $M_u < M$，则不安全。

（三）经济配筋率

在满足适筋梁的条件下，即 $\rho_{\min} \leqslant \rho \leqslant \rho_{\max}$，受弯构件的截面尺寸可有多种选择。当弯矩设计值一定时，截面尺寸越大，则所需的钢筋面积 A_s 越小，但混凝土用量和模板费用增加，并影响使用净空高度；反之，若截面尺寸减小，则所需的钢筋面积 A_s 要增加，但混凝土用量和模板费用减少。因此，从总造价考虑，就有一个经济配筋率的范围，设计时

应使配筋率尽可能控制在经济配筋率的范围内。根据经验，钢筋混凝土受弯构件的经济配筋率为：① 实心板 0.3% ～ 0.8%；② 矩形截面梁 0.6% ～ 1.5%；③ T 形截面梁 0.9%～1.8%。

（四）提高受弯构件抗弯能力的措施

1. 加大截面高度

由公式 $M_u = \alpha_s \alpha_1 f_c b h_0^2$ 可见，抗弯能力与截面宽度是一次方关系，与截面高度是二次方关系，故欲提高抗弯能力，加大截面高度比加大宽度更有效。而加大截面宽度效果不明显，工程中一般不予采用。

2. 提高受拉钢筋的强度等级

由公式 $M_u = f_y A_s \gamma_s h_0$ 可见，若保持钢筋面积 A_s 不变，提高受拉钢筋的强度等级，M_u 值明显增加。

3. 加大钢筋数量

由公式 $M_u = f_y A_s \gamma_s h_0$ 可见，增加钢筋面积 A_s，截面的抗弯能力 M_u 虽不能完全随 A_s 的增大而按比例增加，但 M_u 的增加效果也很明显。

【例 9-1】 已知一矩形截面梁，$b \times h = 250\text{mm} \times 550\text{mm}$，受拉钢筋 HRB335 级（$f_y = 300\text{N/mm}^2$），混凝土强度等级 C20（$f_c = 9.6\text{N/mm}^2$），承受弯矩设计值 $M = 180\text{kN} \cdot \text{m}$，试确定梁中配筋。

解法一：（1）确定截面有效高度（假定钢筋单排排放）。

$$h_0 = 550 - 40 = 510(\text{mm})$$

（2）求混凝土受压区高度 x。

$$x = h_0 - \sqrt{h_0^2 - \frac{2M}{\alpha_1 f_c b}} = 510 - \sqrt{510^2 - \frac{2 \times 180 \times 10^6}{1 \times 9.6 \times 250}} = 178.2(\text{mm})$$

（3）防超筋验算。

$$x = 178.2 < \xi_b h_0 = 0.550 \times 510 = 280.5(\text{mm})$$

（4）计算 A_s。

$$A_s = \frac{\alpha_1 f_c b x}{f_y} = \frac{1.0 \times 9.6 \times 250 \times 178.2}{300} = 1425.6(\text{mm}^2)$$

查表（附录七）选用受力钢筋 3 Φ 25（$A_s = 1473\text{mm}^2$）。

（5）验算最小配筋率。

$\rho = \dfrac{A_s}{bh} = \dfrac{1473}{250 \times 550} = 1.07\% > \rho_{min} = 0.2\% > 0.45\dfrac{f_t}{f_y} = 0.45\dfrac{1.1}{300} = 0.165\%$，满足要求。

解法二：（1）求 α_s。

$$\alpha_s = \frac{M}{\alpha_1 f_c b h_0^2} = \frac{180 \times 10^6}{1.0 \times 9.6 \times 250 \times 510^2} = 0.288$$

（2）查表（附录九）得相应的 ξ。

查表得 $\quad\quad\quad\quad\quad\quad\quad \xi = 0.3488 < \xi_b = 0.550$

（3）求钢筋面积。

$$A_s = \xi b h_0 \frac{\alpha_1 f_c}{f_y} = 0.3488 \times 250 \times 510 \times \frac{1.0 \times 9.6}{300} = 1423.1 (\text{mm}^2)$$

查表（附录七）选用受力钢筋 $3 \oplus 25 (A_s = 1473\text{mm}^2)$。

（4）验算最小配筋率。

$$\rho = \frac{A_s}{bh} = \frac{1473}{250 \times 550} = 1.07\% > \rho_{\min} = 0.2\% > 0.45 \frac{f_t}{f_y} = 0.45 \times \frac{1.1}{300} = 0.165\%，满足$$

要求。

【**例 9 - 2**】 某现浇钢筋混凝土简支走道板（图 9 - 13），板厚为 80mm，承受均布荷载设计值 $q = 6.6\text{kN/m}$（包括板自重），混凝土强度等级 C20，钢筋 HPB300 级，计算跨度 $l_0 = 2.37\text{m}$，试确定板中配筋。

解法一： 由于板面上荷载是相同的，为方便计算，取 1m 宽板带为计算单元，即 $b = 1000\text{mm}$。

（1）内力计算。板的跨中最大弯矩设计值为

$$M_{\max} = \frac{1}{8} q l_0^2 = \frac{1}{8} \times 6.6 \times 2.37^2 = 4.63 (\text{kN} \cdot \text{m})$$

（2）查表确定材料基本参数。

$f_c = 9.6\text{N/mm}^2$，$f_t = 1.1\text{N/mm}^2$，$f_y = 270\text{N/mm}^2$，$\alpha_1 = 1.0$，$\xi_b = 0.614$

（3）计算截面有效高度。

$$h_0 = h - 25 = 80 - 25 = 55 (\text{mm})$$

（4）计算混凝土受压区高度 x。

$$x = h_0 - \sqrt{h_0^2 - \frac{2M}{\alpha_1 f_c b}} = 55 - \sqrt{55^2 - \frac{2 \times 4.63 \times 10^6}{1.0 \times 9.6 \times 1000}} = 9.6 (\text{mm})$$

（5）防超筋验算。

$$x = 9.6\text{mm} < \xi_b h_0 = 0.614 \times 55 = 33.77 (\text{mm})$$

（6）计算钢筋面积。

$$A_s = \frac{\alpha_1 f_c b x}{f_y} = \frac{1.0 \times 9.6 \times 1000 \times 9.6}{270} = 341.3 (\text{mm}^2)$$

查表（附录八）选受力钢筋 $\Phi 8@140 (A_s = 359\text{mm}^2)$，分布筋按构造要求选用 $\Phi 8@$ 250，配筋如图 9 - 13 所示。

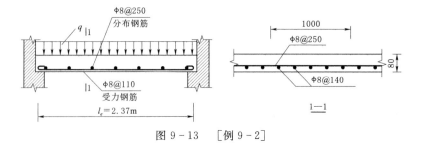

图 9 - 13　［例 9 - 2］

（7）验算最小配筋率。

$$\rho_{\min} = 0.2\%$$

$$0.45 \frac{f_t}{f_y} = 0.45 \frac{1.1}{270} = 0.183\%$$ 取较大值 $\rho_{\min} = 0.2\%$

$$A_s = 359 \text{mm}^2 > \rho_{\min} bh = 0.2\% \times 1000 \times 80 = 160 (\text{mm}^2)$$

解法二:(1)求 α_s。

$$\alpha_s = \frac{M}{\alpha_1 f_c b h_0^2} = \frac{4.63 \times 10^6}{1.0 \times 9.6 \times 1000 \times 55^2} = 0.159$$

(2)查表(附录九)得相应的 ξ。

查表得 $$\xi = 0.1712 < \xi_b = 0.614$$

(3)求钢筋面积。

$$A_s = \xi b h_0 \frac{\alpha_1 f_c}{f_y} = 0.1712 \times 1000 \times 55 \times \frac{1.0 \times 9.6}{270} = 334.8 (\text{mm}^2)$$

查表(附录八)选受力钢筋 $\Phi 8@140$($A_s = 359 \text{mm}^2$),分布筋按构造要求选用 $\Phi 8@$ 250,配筋如图 9-13 所示。

(4)验算最小配筋率。

$$\rho_{\min} = 0.2\%$$

$$0.45 \frac{f_t}{f_y} = 0.45 \frac{1.1}{210} = 0.235\%$$ 取较大值 $\rho_{\min} = 0.235\%$

$$A_s = 359 \text{mm}^2 > \rho_{\min} bh = 0.2\% \times 1000 \times 80 = 160 (\text{mm}^2)$$

【**例 9-3**】 已知一单筋矩形截面梁,截面尺寸 $b \times h = 250 \text{mm} \times 700 \text{mm}$,混凝土强度等级 C20,受拉钢筋采用 HRB335 级 $4 \Phi 25$($A_s = 1964 \text{mm}^2$),承受弯矩设计值 $M = 310 \text{kN·m}$,试验算此梁是否安全。

解:(1)确定材料基本参数。

$f_c = 9.6 \text{N/mm}^2$,$f_t = 1.1 \text{N/mm}^2$,$f_y = 300 \text{N/mm}^2$,$\alpha_1 = 1.0$,$\xi_b = 0.550$

(2)确定截面有效高度。

$$h_0 = 700 - 40 = 660 (\text{mm})$$

(3)计算混凝土受压区高度 x。

$$x = \frac{f_y A_s}{\alpha_1 f_c b} = \frac{300 \times 1964}{1.0 \times 9.6 \times 250} = 245.5 (\text{mm})$$

(4)验算适用条件。

$$x = 245.5 \text{mm} < \xi_b h_0 = 0.550 \times 660 = 363 (\text{mm}) (\text{防超筋})$$

$$A_s = 1964 \text{mm}^2 > \rho_{\min} bh = 0.2\% \times 250 \times 700 = 350 (\text{mm}^2) (\text{防少筋})$$

(5)计算截面承载力。

$$M_u = \alpha_1 f_c b x \left(h_0 - \frac{x}{2} \right) = 1.0 \times 9.6 \times 250 \times 245.5 \times \left(660 - \frac{245.5}{2} \right) = 316.55 (\text{kN·m})$$

(6)验算此梁是否安全。

$$M_u = 316.55 \text{kN} \cdot \text{m} > M = 310 \text{kN} \cdot \text{m}，安全。$$

四、双筋矩形截面正截面承载力计算

(一) 概述

在受拉区和受压区同时配有纵向受力钢筋的矩形截面，称为双筋矩形截面。双筋梁能提高承载力和延性，减少构件变形，但施工不方便，且用钢量大，不经济，设计中尽量避免。通常在以下情况下使用双筋截面梁：

(1) 当截面承受的弯矩较大，$M > M_{u,\max} = \alpha_1 f_c b h_0^2 \xi_b (1 - 0.5\xi_b)$，而截面尺寸受到某些限制又不能提高，混凝土的强度等级又不宜提高，若仍按单筋截面计算，就会出现超筋，即 $\xi > \xi_b$ 的情况，所以可采用双筋截面。

(2) 构件截面承受的弯矩可能改变符号。

(3) 由于构造原因在梁的受压区配有钢筋时。

对于双筋梁，为了防止受压钢筋过早压屈，应采用封闭箍筋。

(二) 基本公式及适用条件

1. 计算应力图形

根据试验，在满足 $\xi \leqslant \xi_b$ 的条件下，双筋矩形截面梁与单筋矩形截面梁的破坏情形基

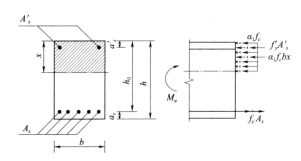

图 9-14　双筋矩形截面梁应力计算简图

本相似。双筋梁受拉区拉力由钢筋承担，受拉钢筋的应力达到抗拉强度设计值 f_y，受压区由混凝土和受压钢筋 (A_s') 一起承受压力，混凝土应力分布仍取等效矩形应力图形，混凝土的压应力为 $\alpha_1 f_c$，在满足一定保证条件下，受压钢筋的应力能达到抗压强度设计值 f_y'。双筋矩形截面梁的计算应力图形如图 9-14 所示。

2. 基本公式

由平衡条件：

$$\sum X = 0 \qquad f_y A_s = \alpha_1 f_c bx + f_y' A_s' \qquad (9-25)$$

$$\sum M = 0 \qquad M \leqslant M_u = \alpha_1 f_c bx \left(h_0 - \frac{x}{2} \right) + f_y' A_s' (h_0 - a_s') \qquad (9-26)$$

式中　f_y'——钢筋抗压强度设计值；

　　　A_s'——受压钢筋截面面积；

　　　a_s'——受压钢筋合力作用点到截面受压边缘的距离。

3. 适用条件

(1) 为了防止超筋梁破坏，需要满足：

$$x \leqslant \xi_b h_0 \qquad (9-27)$$

或 $$\xi \leqslant \xi_b \qquad (9-28)$$

或 $$\rho_1 = \frac{A_{s1}}{bh_0} \leqslant \xi_b h_0 \qquad (9-29)$$

式中　A_{s1}——与受压区混凝土相对应的纵向受拉钢筋面积，$A_{s1}=\dfrac{\alpha_1 f_c bx}{f_y}$。

（2）为了保证受压钢筋能达到规定的抗压强度设计值，需要满足：

$$x \geqslant 2a_s' \tag{9-30}$$

（三）基本公式应用

1. 截面设计

截面设计包括两种情况：确定受拉钢筋和受压钢筋；受压钢筋已知，只需确定受拉钢筋。

（1）已知：弯矩设计值 M，截面尺寸 $b \times h$，材料强度等级 f_c、f_y、f_y'。

求：受拉钢筋面积 A_s 和受压钢筋面积 A_s'。

解题步骤：

1）首先判别是否需要采用双筋梁。

若 $M > M_{u,\max} = \alpha_1 f_c bh_0^2 \xi_b(1-0.5\xi_b)$，则按双筋截面设计，否则按单筋截面设计。

2）令 $x = \xi_b h_0$，代入式（9-26），求得 A_s'。

$$A_s' = \frac{M - \alpha_1 f_c bh_0^2 \xi_b(1-0.5\xi_b)}{f_y'(h_0 - a_s')} \tag{9-31}$$

3）求 A_s。

$$A_s = \frac{f_y' A_s' + \alpha_1 f_c bh_0 \xi_b}{f_y} \tag{9-32}$$

（2）已知：弯矩设计值 M，截面尺寸 $b \times h$，材料强度等级 f_c、f_y、f_y'，受压**钢筋**面积 A_s'。求：受拉钢筋面积 A_s。

解题步骤：

1）求混凝土受压区高度 x。

$$x = h_0 - \sqrt{h_0^2 - \frac{2[M - f_y' A_s'(h_0 - a_s')]}{\alpha_1 f_c b}} \tag{9-33}$$

2）验算并求 A_s。

若 $x \leqslant \xi_b h_0$，且 $x \geqslant 2a_s'$ 则

$$A_s = \frac{f_y' A_s' + \alpha_1 f_c bx}{f_y} \tag{9-34}$$

若 $x < 2a_s'$，说明 A_s' 过大，受压钢筋应力达不到 f_y'，应力图形如图9-15所示。此时应取 $x = 2a_s'$ 求解 A_s。

平衡方程为　$M = f_y A_s(h_0 - a_s')$

$$\tag{9-35}$$

则　　　$A_s = \dfrac{M}{f_y(h_0 - a_s')}$　　(9-36)

2. 截面复核

已知：截面尺寸 $b \times h$，材料强度等级 f_c、f_y、f_y'，受拉钢筋面积 A_s 和受压钢筋面积 A_s'。求：截面能承受的弯矩设计值 M_u。

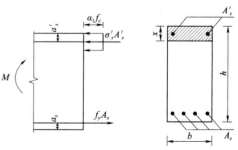

图9-15　$x < 2a_s'$ 双筋矩形截面应力图形

解题步骤：

(1) 求混凝土受压区高度 x。

$$x = \frac{f_y A_s - f'_y A'_s}{\alpha_1 f_c b} \qquad (9-37)$$

(2) 验算适用条件，求 M_u。

若 $x \leqslant \xi_b h_0$，且 $x \geqslant 2a'_s$，则

$$M_u = \alpha_1 f_c b x \left(h_0 - \frac{x}{2} \right) + f'_y A'_s (h_0 - a'_s) \qquad (9-38)$$

若 $x > \xi_b h_0$，说明截面为超筋梁，应取 $x = \xi_b h_0$ 代入式（9-38）。

若 $x < 2a'_s$，说明 A'_s 过大，受压钢筋应力达不到 f'_y，此时应取 $x = 2a'_s$，则

$$M_u = f_y A_s (h_0 - a'_s) \qquad (9-39)$$

(3) 复核截面是否安全。

若 $M_u \geqslant M$，则安全；若 $M_u < M$，则不安全。

【例 9-4】 已知一矩形截面梁，截面尺寸为 $b \times h = 250\text{mm} \times 550\text{mm}$，混凝土采用 C20（$f_c = 9.6\text{N/mm}^2$），钢筋采用 HRB335 级（$f_y = 300\text{N/mm}^2$），承受弯矩设计值 $M = 340\text{kN} \cdot \text{m}$，试求此梁钢筋面积并选择钢筋。

解：(1) 判断是否采用双筋截面。

因 M 的数值较大，受拉钢筋按两排考虑，$h_0 = 550 - 65 = 485\text{mm}$。

此梁若设计成单筋矩形截面所能承受的最大弯矩为

$$M_{u,\max} = \alpha_1 f_c b h_0^2 \xi_b (1 - 0.5\xi_b) = 1.0 \times 9.6 \times 250 \times 485^2 \times 0.550 \times (1 - 0.5 \times 0.550)$$
$$= 225.1 \times 10^6 (\text{N} \cdot \text{mm}) = 225.1\text{kN} \cdot \text{m} < M = 340\text{kN} \cdot \text{m}$$

故必须设计成双筋截面。

(2) 求受压钢筋 A'_s，假定受压钢筋为一排，$a'_s = 35\text{mm}$。

$$A'_s = \frac{M - \alpha_1 f_c b h_0^2 \xi_b (1 - 0.5\xi_b)}{f'_y (h_0 - a'_s)} = \frac{340 \times 10^6 - 225.1 \times 10^6}{300 \times (485 - 35)} = 851 (\text{mm}^2)$$

(3) 求受拉钢筋 A_s。

$$A_s = \frac{f'_y A'_s + \alpha_1 f_c b h_0 \xi_b}{f_y} = \frac{300 \times 851 + 1.0 \times 9.6 \times 250 \times 485 \times 0.550}{300} = 2985 (\text{mm}^2)$$

(4) 选择钢筋。

经查表（附录七）受拉钢筋选用 8 ⌀ 22(3041mm²)。

受压钢筋选用 3 ⌀ 20(942mm²)。

【例 9-5】 已知条件同［例 9-4］，受压区配置 HRB335 级钢筋 4 ⌀ 18（$A'_s = 1017\text{mm}^2$），求受拉钢筋 A_s。

解：(1) 求混凝土受压区高度 x。

$$x = h_0 - \sqrt{h_0^2 - \frac{2[M - f'_y A'_s (h_0 - a'_s)]}{\alpha_1 f_c b}}$$

$$= 485 - \sqrt{485^2 - \frac{2 \times [340 \times 10^6 - 300 \times 1017 \times (485 - 40)]}{1.0 \times 9.6 \times 250}}$$

$$= 230 (\text{mm})$$

（2）验算并求 A_s。

$x=230\mathrm{mm}\leqslant\xi_b h_0=0.550\times485=266.75(\mathrm{mm})$，且 $x\geqslant2a'_s$，则

$$A_s=\frac{f'_y A'_s+\alpha_1 f_c bx}{f_y}=\frac{300\times1017+1.0\times9.6\times250\times230}{300}=2857(\mathrm{mm}^2)$$

受拉钢筋选用 8 ⌀ 22（3041mm²）。

【例 9 - 6】 已知双筋矩形截面梁截面尺寸为 $b\times h=200\mathrm{mm}\times400\mathrm{mm}$，混凝土 C25（$f_c=11.9\mathrm{N/mm}^2$），钢筋采用 HRB400 级（$f_y=360\mathrm{N/mm}^2$），截面配筋如图 9-16 所示，截面承受弯矩设计值 $M=140\mathrm{kN\cdot m}$，试验算此梁正截面承载力是否安全。

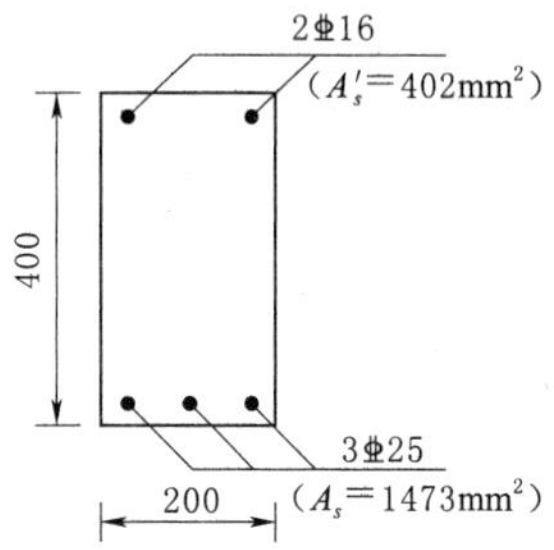

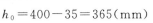

解：（1）求受压区高度 x。

$$x=\frac{f_y A_s-f'_y A'_s}{\alpha_1 f_c b}=\frac{360\times1473-360\times402}{1.0\times11.9\times200}=162(\mathrm{mm})$$

（2）验算适用条件。

$$h_0=400-35=365(\mathrm{mm})$$

图 9 - 16 ［例 9 - 6］

查表 9 - 5 可知 $\xi_b=0.518$

$$2a'_s=2\times35=70(\mathrm{mm})<x<\xi_b h_0=0.518\times365=189(\mathrm{mm})$$

满足适用条件。

（3）求截面受弯承载力 M_u。

$$M_u=\alpha_1 f_c bx\left(h_0-\frac{x}{2}\right)+f'_y A'_s(h_0-a'_s)$$

$$=1.0\times11.9\times200\times162\times\left(365-\frac{162}{2}\right)+360\times402\times(365-35)$$

$$=157.3(\mathrm{kN\cdot m})>M=140\mathrm{kN\cdot m}$$

安全。

五、T 形截面正截面承载力计算

（一）概述

我们知道，矩形截面受弯构件设计时采用Ⅲ$_a$ 阶段应力状态。此时受拉区混凝土已开裂退出工作，所以强度计算时已不考虑拉区混凝土参加工作，拉力全部由钢筋承担，此时拉区混凝土已无大作用，反而增加构件自重。故可将受拉区的混凝土去掉一部分，将纵向受拉钢筋集中放置在腹板，而不改变截面的承载力，这样，就形成了 T 形截面。T 形截面的优点是既可以节约材料又可以减轻自重。T 形截面受弯构件在工程中得到了广泛的应用，如独立的 T 形梁、整体式肋形楼盖的主次梁；此外，槽形板、工字形梁、圆孔空心板等也都相当于 T 形截面，如图 9-17 所示。

需要提出的是，若翼缘位于梁的受拉区，翼缘部分的混凝土受拉开裂以后，就不参加工作了，此时，形式上虽然仍是 T 形，但计算时只能按腹板宽度为 b 的矩形梁计算。所以判断梁是按矩形还是 T 形截面计算，关键是看翼缘部分是受拉还是受压，若受压区位于翼缘，按 T 形截面计算；若受压区位于腹板，按矩形截面计算。

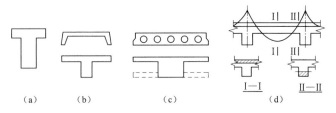

图 9-17　T 形截面受弯构件的形式

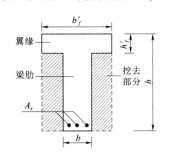

图 9-18　T 形截面梁的组成

梁由两部分组成（图 9-18）：一部分称为翼缘板；另一部分称为腹板或称为梁肋。受压翼缘的计算宽度为 b_f'，高度为 h_f'，腹板宽度为 b，截面全高为 h。

1. T 形梁翼缘宽度的确定

理论上讲，T 形截面翼缘宽度 b_f' 越大，截面受力性能越好。因为截面在承受一定的弯矩作用时，翼缘宽度 b_f' 越大，则混凝土受压高度减少，内力臂增大，从而可以减少纵向受拉钢筋的数量。但通过试验分析可知，T 形梁受力后，翼缘上的纵向压应力分布是不均匀的，距腹板越远，压应力越小，因此，当翼缘很宽时，远离腹板的翼缘部分所承担的压力很小，故在实际设计中将翼缘宽度限制在一定的范围内，称为翼缘计算宽度 b_f'。为了计算方便，在翼缘计算宽度范围内假定混凝土的压应力是均匀分布的。

翼缘计算宽度 b_f' 与梁跨度、翼缘高度和梁的布置等情况有关。《混凝土结构设计规范》（GB 50010—2010）规定翼缘的计算宽度 b_f' 见表 9-7。计算 b_f' 时应从三个方面进行考虑，取其中最小值。计算中应注意，现浇楼盖中 T 形梁翼缘计算宽度 b_f' 不能超过梁间距。

表 9-7　　　　　　　T 形、工字形及倒 L 形截面受弯构件翼缘计算宽度 b_f'

情　况		T 形、工字形		倒 L 形截面
		肋形梁、肋形板	独立梁	肋形梁、肋形板
1	按计算跨度 l_0 考虑	$l_0/3$	$l_0/3$	$l_0/6$
2	按梁（纵肋）净距 S_n 考虑	$b+S_n$	—	$b+S_n/2$
3 按翼缘高度 h_f' 考虑	$h_f'/h_0 \geqslant 0.1$	—	$b+12h_f'$	—
	$0.1 > h_f'/h_0 \geqslant 0.05$	$b+12h_f'$	$b+6h_f'$	$b+5h_f'$
	$h_f'/h_0 < 0.05$	$b+12h_f'$	b	$b+5h_f'$

2. T 形截面的分类及判别条件

T 形截面受弯构件根据其受力后中和轴位置不同分为两类。当中和轴位于翼缘内（即 $x \leqslant h_f'$）为第一类 T 形截面；当中和轴通过腹板时（即 $x > h_f'$）为第二类 T 形截面，如图 9-19 所示。

为了建立 T 形截面类型的判别式，我们首先分析中和轴恰好通过翼缘与肋部的分界线（即 $x = h_f'$）时的基本计算公式，如图 9-20 所示。

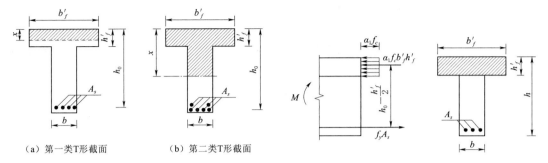

（a）第一类T形截面　　　（b）第二类T形截面

图 9 - 19　T 形截面的分类

图 9 - 20　T 形截面梁的判别界限

由平衡条件

$\sum X = 0$ $\qquad \alpha_1 f_c b'_f h'_f = f_y A_s$ $\qquad$ （9 - 40）

$\sum M = 0$ $\qquad M = M_u = \alpha_1 f_c b'_f h'_f \left(h_0 - \dfrac{h'_f}{2} \right)$ $\qquad$ （9 - 41）

在判断 T 形截面类型时，可能遇到以下两种情形：

（1）截面设计时，如果 $M \leqslant M_u = \alpha_1 f_c b'_f h'_f \left(h_0 - \dfrac{h'_f}{2} \right)$，说明 $x \leqslant h'_f$，属于第一类 T

形截面；如果 $M > M_u = \alpha_1 f_c b'_f h'_f \left(h_0 - \dfrac{h'_f}{2} \right)$，说明 $x > h'_f$，属于第二类 T 形截面。

（2）截面复核时，如果 $f_y A_s \leqslant \alpha_1 f_c b'_f h'_f$，说明 $x \leqslant h'_f$，属于第一类 T 形截面；如果 $f_y A_s > \alpha_1 f_c b'_f h'_f$，说明 $x > h'_f$，属于第二类 T 形截面。

3. 基本公式及适用条件

（1）第一类 T 形截面。由于第一类 T 形截面中和轴位于翼缘内，受压区高度 $x \leqslant h'_f$，应力图形（图 9 - 21）。因其受压区形状为矩形，故可按宽度为 b'_f 的单筋矩形截面进行抗弯强度计算，其计算公式与单筋矩形截面相同，仅需将梁宽 b 改为翼缘计算宽度 b'_f，即

$$f_y A_s = \alpha_1 f_c b'_f x \qquad （9 - 42）$$

$$M \leqslant \alpha_1 f_c b'_f x \left(h_0 - \frac{x}{2} \right) \qquad （9 - 43）$$

基本公式的适用条件：

1）$x \leqslant \xi_b h_0$。此为防超筋验算，在一般情况下，第一类 T 形截面受压区高度 x 较小，此条件都可以满足，故不必验算。

2）$\rho \geqslant \rho_{\min}$；或 $A_s \geqslant \rho_{\min} bh$。此为防少筋验算。

注意，T 形截面梁的 $\rho_{\min}$ 与矩形截面（$b \times h$）梁的 $\rho_{\min}$ 值通用。这是因为最小配筋率是根据钢筋混凝土开裂后的受弯承载力与相同截面素混凝土梁受弯承载力相等的条件得出的，而素混凝土 T 形截面

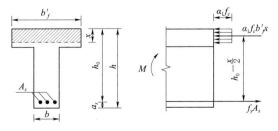

图 9 - 21　第一类 T 形截面梁的应力图

梁与截面尺寸为 $b \times h$ 的素混凝土矩形截面梁的受弯承载力相近。

(2) 第二类 T 形截面。第二类 T 形截面的中和轴通过腹板,受压区高度 $x > h'_f$,其应力图形如图 9-22 (a) 所示。为了便于分析和计算,将第二类 T 形截面应力图形看作由两部分组成。一部分由腹板与相应翼缘中间部分受压区混凝土的压应力和相应的受拉钢筋 A_{s1} 的拉力所组成,承担的弯矩为 M_1,如图 9-22 (b) 所示;另一部分由翼缘其他部分混凝土的压应力与相应的钢筋 A_{s2} 的拉力所组成,承担的弯矩为 M_2,如图 9-22 (c) 所示。则有:

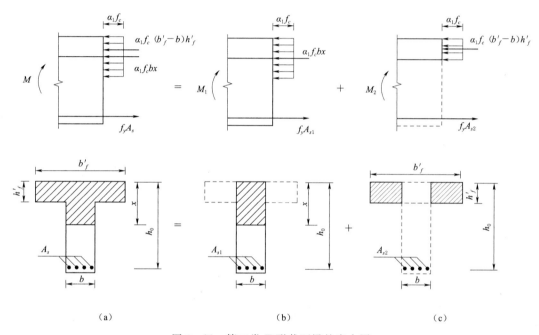

图 9-22 第二类 T 形截面梁的应力图

$$M = M_1 + M_2 \tag{9-44}$$

$$A_s = A_{s1} + A_{s2} \tag{9-45}$$

根据平衡条件,对两部分可分别写出以下基本公式:

第一部分:

$$\alpha_1 f_c b x = f_y A_{s1} \tag{9-46}$$

$$M_1 = \alpha_1 f_c b x \left(h_0 - \frac{x}{2} \right) \tag{9-47}$$

第二部分:

$$\alpha_1 f_c (b'_f - b) h'_f = f_y A_{s2} \tag{9-48}$$

$$M_2 = \alpha_1 f_c (b'_f - b) h'_f \left(h_0 - \frac{h'_f}{2} \right) \tag{9-49}$$

这样,整个 T 形截面的基本计算公式:

$$f_y A_s = \alpha_1 f_c b x + \alpha_1 f_c (b'_f - b) h'_f \tag{9-50}$$

$$M \leqslant \alpha_1 f_c bx \left(h_0 - \frac{x}{2} \right) + \alpha_1 f_c (b_f' - b) h_f' \left(h_0 - \frac{h_f'}{2} \right) \qquad (9-51)$$

基本公式的适用条件：

(1) $x \leqslant \xi_b h_0$；或 $\rho_1 = \dfrac{A_{s1}}{bh_0} \leqslant \rho_{max}$。此为防超筋验算。

(2) $\rho \geqslant \rho_{min}$ 此为防少筋验算，因为第二类 T 形截面的配筋较多，都能满足最小配筋率的要求，故不必验算该条件。

4. 基本公式应用

(1) 截面设计问题。

已知：弯矩设计值 M，截面尺寸 b、h、b_f'、h_f'，材料强度 f_c、f_y。求：受拉钢筋面积 A_s。

解题步骤：首先判别 T 形截面的类型。然后按下面对应类型的 T 形截面的计算方法进行计算。

1) 第一类 T 形截面（$x \leqslant h_f'$）。计算方法与截面尺寸为 $b_f' \times h$ 的单筋矩形截面相同。

2) 第二类 T 形截面（$x > h_f'$）。

a. 求受压区高度 x 并验算适用条件。

由式（9-50）得

$$x = h_0 - \sqrt{h_0^2 - \frac{2 \left[M - \alpha_1 f_c (b_f' - b) h_f' \left(h_0 - \frac{h_f'}{2} \right) \right]}{\alpha_1 f_c b}} \qquad (9-52)$$

应满足 $x \leqslant \xi_b h_0$。

b. 求受拉钢筋面积 A_s。

$$A_s = \frac{\alpha_1 f_c bx + \alpha_1 f_c (b_f' - b) h_f'}{f_y} \qquad (9-53)$$

(2) 截面复核问题。

已知：截面尺寸 b、h、b_f'、h_f'，材料强度 f_c、f_y，受拉钢筋面积 A_s，弯矩设计值 M。求：截面受弯承载力 M_u，并复核该截面是否安全。

解题步骤：首先判别 T 形截面的类型。然后按下面对应类型的 T 形截面的计算方法进行计算和复核。

1) 第一类 T 形截面（$x \leqslant h_f'$）。按 $b_f' \times h$ 的单筋矩形截面计算 M_u，并与 M 比较，判定截面是否安全。若 $M_u \geqslant M$，安全；否则，不安全。

2) 第二类 T 形截面（$x > h_f'$）。

a. 求受压区高度 x 并验算适用条件：

由式（9-49）得

$$x = \frac{f_y A_s - \alpha_1 f_c (b_f' - b) h_f'}{\alpha_1 f_c b} \qquad (9-54)$$

b. 验算适用条件并求 M_u。

若 $x \leqslant \xi_b h_0$，则

$$M_u = \alpha_1 f_c bx \left(h_0 - \frac{x}{2} \right) + \alpha_1 f_c (b_f' - b) h_f' \left(h_0 - \frac{h_f'}{2} \right) \tag{9-55}$$

若 $x > \xi_b h_0$，则应取 $x = \xi_b h_0$ 代入式（9-55），得

$$M_u = \alpha_1 f_c b \xi_b h_0^2 (1 - 0.5\xi_b) + \alpha_1 f_c (b_f' - b) h_f' \left(h_0 - \frac{h_f'}{2} \right)$$

c. 判定截面是否安全。

若 $M_u \geqslant M$，安全；否则，不安全。

【例 9-7】 已知独立的 T 形截面梁，$b_f' = 600\text{mm}$，$b = 300\text{mm}$，$h_f' = 100\text{mm}$，$h = 800\text{mm}$，承受弯矩设计值 $M = 685\text{kN} \cdot \text{m}$，采用混凝土强度等级 C20，HRB335 级钢筋，试求钢筋面积。

解：（1）确定材料基本参数。

$$f_c = 9.6\text{N/mm}^2, \quad f_y = 300\text{N/mm}^2, \quad \xi_b = 0.550$$

（2）确定截面有效高度。

假定钢筋双排排放，则

$$h_0 = h - 65 = 800 - 65 = 735(\text{mm})$$

（3）判断截面类型。

$$M_u = \alpha_1 f_c b_f' h_f' \left(h_0 - \frac{h_f'}{2} \right) = 1.0 \times 9.6 \times 600 \times 100 \times \left(735 - \frac{100}{2} \right)$$

$$= 394.5(\text{kN} \cdot \text{m}) < M = 685\text{kN} \cdot \text{m}$$

属于第二类 T 形截面。

（4）求受压区高度 x 并验算适用条件。

$$x = h_0 - \sqrt{h_0^2 - \frac{2\left[M - \alpha_1 f_c (b_f' - b) h_f' \left(h_0 - \frac{h_f'}{2} \right) \right]}{\alpha_1 f_c b}}$$

$$= 735 - \sqrt{735^2 - \frac{2 \times [685000000 - 1.0 \times 9.6 \times (600 - 300) \times 100 \times (735 - 50)]}{1.0 \times 9.6 \times 300}}$$

$$= 286.1(\text{mm}) < \xi_b h_0 = 0.550 \times 735 = 404.3(\text{mm})$$

满足条件。

（5）求受拉钢筋面积 A_s。

$$A_s = \frac{\alpha_1 f_c bx + \alpha_1 f_c (b_f' - b) h_f'}{f_y}$$

$$= \frac{1.0 \times 9.6 \times 300 \times 286.1 + 1.0 \times 9.6 \times (600 - 300) \times 100}{300}$$

$$= 3706(\text{mm}^2)$$

经查表（附录七）选用钢筋 8Φ25（$A_s = 3927\text{mm}^2$），配筋如图 9-23 所示。

【例 9-8】 已知独立的 T 形截面梁，梁的截面尺寸 $b = 200\text{mm}$，$h = 600\text{mm}$，$b_f' = 400\text{mm}$，$h_f' = 100\text{mm}$，混凝土强度等级为 C20，在受拉区已配有 HRB335 级钢筋 5Φ22（$A_s = 1900\text{mm}^2$）。承受的弯矩设计值 $M = 252\text{kN} \cdot \text{m}$，试复核截面是否安全。

解：（1）确定材料基本参数。

$f_c = 9.6 \text{N/mm}^2$，$f_y = 300 \text{N/mm}^2$，$\xi_b = 0.550$

（2）确定截面有效高度。

$$h_0 = h - 65 = 600 - 65 = 535 (\text{mm})$$

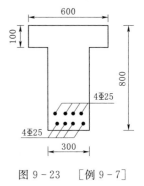

图 9-23　［例 9-7］

（3）判别 T 形截面的类型。

$$\alpha_1 f_c b'_f h'_f = 1.0 \times 9.6 \times 400 \times 100 = 384000(\text{N}) < f_y A_s$$

$$= 300 \times 1900 = 570000(\text{N})$$

所以属于第二类 T 形截面。

（4）求受压区高度 x 并验算适用条件。

$$x = \frac{f_y A_s - \alpha_1 f_c (b'_f - b) h'_f}{\alpha_1 f_c b} = \frac{300 \times 1900 - 1.0 \times 9.6 \times (400 - 200) \times 100}{1.0 \times 9.6 \times 200}$$

$$= 196.8(\text{mm}) < \xi_b h_0 = 0.550 \times 535 = 297(\text{mm})$$

满足条件。

（5）求 M_u。

$$M_u = \alpha_1 f_c b x \left(h_0 - \frac{x}{2}\right) + \alpha_1 f_c (b'_f - b) h'_f \left(h_0 - \frac{h'_f}{2}\right)$$

$$= 1.0 \times 9.6 \times 200 \times 196.8 \times \left(535 - \frac{196.8}{2}\right) + 1.0$$

$$\times 9.6 \times (400 - 200) \times 100 \times \left(535 - \frac{100}{2}\right)$$

$$= 261 \times 10^6 (\text{N} \cdot \text{mm}) = 261 \text{kN} \cdot \text{m} > M = 252 \text{kN} \cdot \text{m}$$

安全。

本　章　小　结

（1）梁内钢筋主要有受力筋、架立筋、箍筋、弯起钢筋、梁侧构造钢筋。板内钢筋主要有受力筋和分布筋等。

（2）受弯构件有正截面破坏和斜截面破坏两种。

（3）根据配筋率不同，受弯构件正截面破坏形态有三种：适筋破坏、超筋破坏和少筋破坏。在设计中不允许出现超筋梁和少筋梁。

适筋梁的破坏分为三个阶段。其中 I_a 阶段截面应力图形是受弯构件抗裂验算的依据，第 II 阶段应力图形式受弯构件裂缝宽度和变形验算的依据，第 III_a 阶段截面的应力图形是受弯构件正截面承载力计算的依据。

（4）利用单筋矩形截面、双筋矩形截面、T 形截面的基本公式和适用条件来解决受弯构件的正截面承载力计算中的截面设计和截面复核问题。

（5）受弯构件的主要构造要求包括钢筋的锚固长度、钢筋的连接、箍筋的布置、形式、直径和间距的有关要求。

复 习 思 考 题

1. 两种纵向受力钢筋直径和净距有何构造要求？

2. 混凝土保护层的作用是什么？正常环境中梁、板的最小保护层厚度是多少？

3. 适筋梁的破坏过程分为哪几个阶段？各阶段有何特点？正截面承载力计算是以哪个阶段的应力图形为计算依据的？

4. 什么叫配筋率？配筋率对受弯构件正截面承载力有何影响？

5. 钢筋混凝土受弯构件正截面有哪几种破坏形式？破坏特征是什么？

6. 等效矩形应力图形是根据什么条件确定的？

7. 写出单筋矩形截面的受弯构件正截面承载力的计算公式和适用条件。并说明适用条件的意义。

8. 如何提高受弯构件正截面抗弯承载力？

9. 什么情况下采用双筋截面梁？双筋矩形截面受弯构件的适用条件是什么？适用条件有何意义？

10. T形截面在设计和复核时，如何判别类型？

11. T形截面翼缘计算宽度如何确定？

12. 钢筋混凝土梁在荷载作用下，一般在跨中产生垂直裂缝，在支座产生斜裂缝，为什么？

习　　题

9-1　已知一矩形截面梁，截面尺寸 $b \times h = 250\text{mm} \times 600\text{mm}$，$a_s = 60\text{mm}$，承受弯矩设计值 $M = 220\text{kN} \cdot \text{m}$。混凝土采用 C20（$f_c = 9.6\text{N/mm}^2$），钢筋为 HRB335 级（$f_y = 300\text{N/mm}^2$），求所需受拉钢筋截面面积 A_s。

9-2　已知梁的截面尺寸为 $b \times h = 200\text{mm} \times 450\text{mm}$，混凝土采用 C20（$f_c = 9.6\text{N/mm}^2$），配置钢筋为 HRB335 级（$f_y = 300\text{N/mm}^2$）4 Φ 16（$A_s = 804\text{mm}^2$），若承受弯矩设计值 $M = 105\text{kN} \cdot \text{m}$。试验算此梁是否安全。

9-3　T形截面梁，截面尺寸如题 9-3 图所示，承受弯矩设计值 $M = 500\text{kN} \cdot \text{m}$，混凝土采用 C20（$f_c = 9.6\text{N/mm}^2$），钢筋为 HRB335 级（$f_y = 300\text{N/mm}^2$），试求纵向受力钢筋截面面积 A_s。

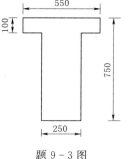

题 9-3 图

第十章 钢筋混凝土柱的分析计算

【能力目标、知识目标】

能力目标：通过学习，学生能够进行轴心受压构件的配筋计算和承载力验算；熟练掌握受压构件的构造措施；能够识读基本的受压构件结构施工图。

知识目标：熟练掌握受压构件的构造要求；熟练掌握轴心受压构件的设计方法。

【学习要求】

知 识 要 点	能 力 要 求	相 关 知 识
受压构件的构造要求	掌握受压构件的构造措施	截面形式及尺寸、配筋构造
轴心受压构件承载力	掌握轴心受压构件的配筋计算和承载力验算问题	稳定系数、承载力计算公式、截面设计和截面复核要点

第一节 认 知 受 压 构 件

承受轴向压力的构件称为受压构件。在工业与民用建筑中，钢筋混凝土受压构件应用十分广泛。例如，多层及单层房屋的柱、钢筋混凝土屋架的受压腹杆等。

钢筋混凝土受压构件分为轴心受压构件和偏心受压构件，如图 10 - 1 所示。当轴向压力作用在截面的形心位置（截面上只有轴心压力）时，称为轴心受压构件，如图 10 - 1（a）所示；当轴向压力偏离形心位置（截面上既有轴心压力又有弯矩），称为偏心受压构件，如图 10 - 1（b）、（c）所示。偏心受压构件又根据偏心方式分为单向偏心受压构件，如图 10 - 1（b）所示。以及双向偏心受压构件，如图 10 - 1（c）所示。

（a）轴心受压构件 （b）单向偏心受压构件 （c）双向偏心受压构件

图 10 - 1 钢筋混凝土受压构件

实际工程中，由于制作、安装误差造成截面尺寸不准，钢筋位置偏移，混凝土本身质量不均匀以及荷载作用位置偏差，理想的轴心受压构件是不存在的。为简化计算，只要偏差不大，可近似按轴心受压构件设计。如屋架受压腹杆以及永久荷载为主的多层、多跨房屋的内柱可近似的简化为轴心受压构件来计算。其余情况，一般按偏心受压构件计算，如单层厂房柱、多层框架柱和某些屋架上弦杆。

第二节　受压构件的构造要求

一、材料强度等级

受压构件为了减小构件的截面尺寸，充分发挥混凝土的抗压性能，节约钢材，宜采用强度等级较高的混凝土（一般不低于C20）；受压构件中所用钢筋的级别不宜过高，因为高强钢筋不能充分发挥作用。

二、截面形式及尺寸

为了便于施工，通常采用正方形或矩形截面。有特殊要求时，才采用圆形或多边形截面。对于装配式单层厂房的预制柱，当截面尺寸较大时，为减轻自重，也常采用工字形截面。

矩形截面受压构件的宽度一般为200～400mm，截面高度一般为300～800mm。对于现浇的钢筋混凝土柱，其截面短边尺寸不宜小于250mm；工字形截面柱的翼缘厚度不宜小于120mm，腹板厚度不宜小于100mm；为了减少模板规格和便于施工，受压构件截面尺寸要取整数，在800mm以下的，取用50mm的倍数；在800mm以上者，采用100mm的倍数。

三、纵向钢筋

1. 作用

纵向受力钢筋的主要作用是与混凝土共同承受压力（当偏心受压构件存在受拉区时，则拉区钢筋承受拉力），提高受压构件的承载力，另外，可以增加构件的延性，承受由于混凝土收缩和温度变化引起的拉力。

2. 纵筋的布置、直径和间距

轴心受压柱的纵筋应沿截面周边均匀、对称布置；矩形截面每角需布置一根，至少需要4根纵向受力钢筋，圆形截面不宜少于8根，且不应少于6根。偏心受压柱的纵筋布置在与弯矩垂直的两个侧边，如图10-2所示。混凝土保护层的厚度应符合要求。

为了增加骨架的刚度，防止纵筋受压后侧向弯曲，受压构件纵筋宜选择较粗的直径，通常为12～32mm。

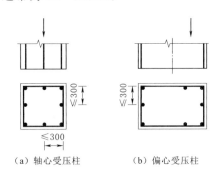

（a）轴心受压柱　　　（b）偏心受压柱

图10-2　柱受力纵筋的布置

柱内纵向钢筋的净距不应小于50mm；对水平浇筑的预制柱，其纵向钢筋的最小净距同梁的要求相同；柱内纵向钢筋的中距不宜大于300mm。

3. 受力纵筋的配筋率

受力纵筋的截面面积通过计算确定。《混凝土结构设计规范》（GB 50010—2010）规定：受压构件全部受力纵筋的最大配筋率为5%，最小配筋率满足表11-6的要求。通常的配筋率为0.6%～2%。

四、箍筋

1. 作用

受压构件中配置一定数量的箍筋，它的作用是：与纵筋形成钢筋骨架，保证纵筋的位置正确，防止纵向钢筋压曲，约束混凝土，提高柱的承载能力。

2. 箍筋的形式、直径和间距

柱及其他受压构件中的箍筋应做成封闭式，如图 10-3 所示。对圆柱中的箍筋，搭接长度不应小于钢筋的锚固长度，且末端应做成 135°弯钩，且弯钩末端平直段长度不应小于箍筋直径的 5 倍。

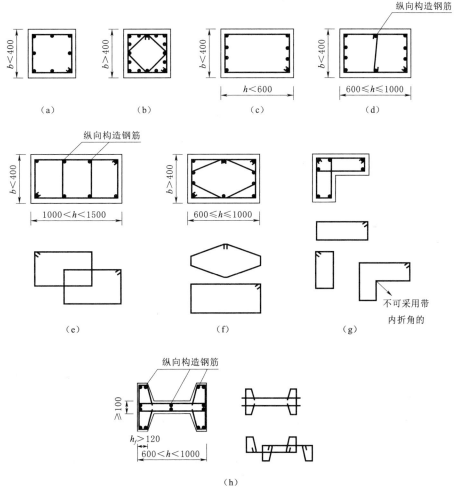

图 10-3　箍筋的配置

箍筋直径不应小于 $d/4$，且不应小于 6mm，d 为纵向钢筋的最大直径；当柱中全部纵向受力钢筋的配筋率大于 3%时，箍筋直径不应小于 8mm，间距不应大于纵向受力钢筋最小直径的 10 倍，且不应大于 200mm；箍筋末端应做成 135°弯钩，且弯钩末端平直段长度不应小于箍筋直径的 10 倍；箍筋也可焊成封闭环式。

当柱截面短边尺寸大于 400mm 且各边纵向钢筋多于 3 根时，或当柱截面短边尺寸不大于 400mm 但各边纵向钢筋多于 4 根时，应设置复合箍筋，如图 10-3（b）、（f）所示。

箍筋间距不应大于 400mm 及构件截面的短边尺寸，且不应大于 15d，d 为纵向受力钢筋的最小直径。柱内纵向钢筋搭接范围内箍筋间距当为受拉时不应大于 5d，且不应大于 100mm；当为受压时不应大于 10d，且不应大于 200mm。

第三节　轴心受压构件

轴心受压构件按箍筋的型式分为两种类型：配有普通箍筋和配置密排环式箍筋（箍筋为焊接圆环或螺旋环）。在实际工程中前者应用较为普遍。

一、配有普通箍筋的轴心受压构件

（一）轴心受压短柱的破坏特征

我们知道，在实际工程中不存在理想的轴心受压构件，所以轴心受压构件的截面也会存在一定的弯矩使构件发生纵向弯曲。纵向弯曲会导致受压构件的承载力降低，降低的程度与构件的长细比有关，随着长细比的增大而增大。

轴心受压构件依据长细比的大小划分为短柱和长柱两类。当长细比满足以下要求时称为短柱，否则称为长柱。

矩形截面柱长细比　　　　　　　　$l_0/b \leqslant 8$

圆形截面柱长细比　　　　　　　　$l_0/d \leqslant 7$

任意截面柱长细比　　　　　　　　$l_0/i \leqslant 28$

式中　l_0——柱的计算长度；

　　　b——矩形截面短边尺寸；

　　　d——圆形截面的直径；

　　　i——任意截面的最小回转半径。

构件计算长度 l_0 与构件的两端支承情况及有无侧移等因素有关，《混凝土结构设计规范》（GB 50010—2010）要求按下列规定采用：

（1）一般多层房屋中梁、柱为刚接的框架结构，各层柱的计算长度按表 10-1 采用。

表 10-1　　　　　　　　　　框架结构各层柱的计算长度

楼　盖　类　型	柱　的　类　别	计算长度 l_0
现浇楼盖	底层柱	$1.0H$
	其余各层柱	$1.25H$
装配式楼盖	底层柱	$1.25H$
	其余各层柱	$1.5H$

注　表中 H 对底层柱为从基础顶面到一层楼盖顶面的高度；对其余各层柱为上、下两层楼盖顶面之间的高度。

（2）当水平荷载产生的弯矩设计值占总弯矩设计值的 75％以上时，框架柱的计算长度 l_0 可按下列两个公式计算，并取其中较小值：

$$l_0 = [1 + 0.15(\Psi_u + \Psi_l)]H \qquad (10-1)$$

$$l_0 = (2 + 0.2\Psi_{\min})H \qquad (10-2)$$

式中　Ψ_u，Ψ_l——柱的上端、下端节点处交汇的各柱线刚度之和与交汇的各梁线刚度之和的比值；

　　　　$\Psi_{\min}$——比较 Ψ_u，Ψ_l 中的较小值；

　　　　H——柱的高度。

配有普通箍筋的轴心受压短柱的破坏试验表明：当纵向力较小时，构件的压缩变形主要为弹性变形，纵向力在截面内产生的压应力由混凝土和钢筋共同承担。随着荷载的增加，构件的变形迅速增大，混凝土塑性变形增大，弹性模量降低，应力增长减慢，而钢筋的应力增加变快，当构件临近破坏时，混凝土达到极限应变 $\varepsilon_u = 0.002$，由于一般中低强度的钢筋屈服时的应变小于混凝土极限应变 ε_u，所以此时钢筋达到屈服强度。而由于高强度钢筋屈服时的应变大于混凝土极限应变 ε_u，构件破坏时，高强钢筋还未达到屈服强度，不能充分发挥钢筋的作用，这正是在受压构件中一般采用中低强度钢筋的原因。

受压构件破坏时，一般是钢筋先达到屈服强度，然后混凝土达到极限压应变被压碎。

轴心受压长柱的破坏试验表明：由于纵向弯曲的影响，其承载力低于条件完全相同的短柱。当构件长细比过大时还会发生失稳破坏。《混凝土结构设计规范》（GB 50010—2010）采用稳定系数 φ 来反映长柱承载力降低的程度，长细比 l_0/b 越大，稳定系数 φ 越小，对于短柱，取 $\varphi = 1$。钢筋混凝土轴心受压构件稳定系数 φ 见表 10-2。

表 10-2　　　　　　　　　　钢筋混凝土轴心受压构件稳定系数 φ

l_0/b	≤8	10	12	14	16	18	20	22	24	26	28	30	32	34	36	38
l_0/d	≤7	8.5	10.5	12	14	15.5	17	19	21	22.5	24	26	28	29.5	31	33
l_0/i	≤28	35	42	48	55	62	69	76	83	90	97	104	111	118	125	132
φ	1.0	0.98	0.95	0.92	0.87	0.81	0.75	0.70	0.65	0.60	0.56	0.52	0.48	0.44	0.40	0.36

注　l_0 为构件的计算长度；b 为矩形截面短边尺寸；d 为圆形截面的直径；i 为任意截面的最小回转半径，$i = \sqrt{I/A}$。

（二）正截面受压承载力计算公式

由截面受力的平衡条件，并考虑纵向弯曲对承载力的影响，写出轴心受压构件正截面受压承载力计算公式：

$$N \le N_u = 0.9\varphi(f_c A + f'_y A'_s) \qquad (10-3)$$

式中　N——轴向压力设计值；

　　　　f_c——混凝土轴心抗压强度设计值，按附录三取用；

　　　　A'_s——全部纵向钢筋的截面面积；

　　　　f'_y——纵向钢筋的抗压强度设计值；

　　　　A——构件截面面积，当纵向钢筋的配筋率 $\rho' = \dfrac{A'_s}{A} > 3\%$ 时，A 改用 A_n，$A_n = A - A'_s$；

φ——钢筋混凝土受压构件的稳定系数。

（三）计算公式的应用

轴心受压构件受压承载力计算会遇到两类问题：截面设计和截面复核。

1. 截面设计

已知：轴向压力设计值 N，柱的计算长度 l_0，截面尺寸 $b \times h$，材料强度等级 f_c、f'_y。求：纵向受力钢筋的截面面积 A'_s。

解题步骤：（1）计算长细比，查稳定系数 φ。

（2）求钢筋的截面面积 A'_s。

$$A'_s = \frac{\dfrac{N}{0.9\varphi} - f_c A}{f'_y}$$

（3）验算配筋率。

2. 截面复核

已知：截面尺寸 $b \times h$，柱的计算长度 l_0，材料强度等级 f_c、f'_y。求：柱的受压承载力 N_u。（或已知轴向压力设计值 N，复核截面是否安全）

解题步骤：（1）计算长细比，查稳定系数 φ。

（2）验算配筋率。

（3）求 N_u。

$$N_u = 0.9\varphi(f_c A + f'_y A'_s)$$

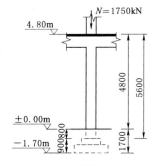

图 10-4 ［例 10-1］

【例 10-1】 已知某多层现浇钢筋混凝土框架结构，首层柱的纵向力设计值 $N = 1750\text{kN}$，柱的横截面面积 $A = 400\text{mm} \times 400\text{mm}$，混凝土强度等级 C20（$f_c = 9.6\text{N/mm}^2$），纵向受力钢筋为 HRB335 级（$f_y = 300\text{N/mm}^2$），其他条件如图 10-4 所示，试确定纵向钢筋和箍筋。

解：（1）求柱的计算长度 l_0。

现浇框架底层柱的计算长度 $l_0 = 1.0H = 1.0 \times 5600 = 5600\text{mm}$。

$$长细比 \frac{l_0}{b} = \frac{5600}{400} = 14。$$

由表 4-1 查得稳定系数 $\varphi = 0.92$。

（2）计算钢筋面积。

$$A'_s = \frac{\dfrac{N}{0.9\varphi} - f_c A}{f'_y} = \frac{\dfrac{1750 \times 10^3}{0.9 \times 0.92} - 9.6 \times 400 \times 400}{300} = 1925(\text{mm}^2)$$

纵筋选用 4Φ25（$A'_s = 1964\text{mm}^2$）。

（3）验算配筋率。

$$\rho' = \frac{A'_s}{A} = \frac{1964}{400 \times 400} = 1.23\% \begin{cases} > \rho'_{\min} = 0.6\% \\ < \rho'_{\max} = 5\% \\ 且 < 3\% \end{cases}$$

（4）确定箍筋。

箍筋选用Φ8@300，箍筋间距≤400mm 且≤15d＝375mm，箍筋直径＞$\frac{d}{4}=\frac{25}{4}=$

6.25mm 且＞6mm，满足构造要求。柱截面配筋如图 10-5 所示。

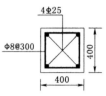

图 10-5　配筋图

【例 10-2】　某房屋框架底层中柱，柱计算长度 3.78m，柱截面尺寸 350mm×350mm，内配 4 Φ16（$A'_s=804mm^2$），HRB335 级钢筋（$f'_y=300N/mm^2$），混凝土采用 C20（$f_c=9.6N/mm^2$），柱承受轴心压力设计值 $N=1200kN$，试复核此柱是否安全。

解：（1）计算长细比并确定 φ。

$$\frac{l_0}{b}=\frac{3780}{350}=10.8$$

由表 4-1 查得稳定系数 $\varphi=0.968$。

（2）验算配筋率。

$$\rho'=\frac{804}{350\times350}=0.66\%\begin{cases}>\rho'_{min}=0.6\%\\<\rho'_{max}=5\%\\ 且<3\%\end{cases}$$

（3）求 N_u。

$$\begin{aligned}N_u&=0.9\varphi(f_cA+f'_yA'_s)\\&=0.9\times0.968\times(9.6\times350\times350+300\times804)\\&=1234664(N)\approx1235kN>1200kN\end{aligned}$$

安全。

二、配有螺旋式间接钢筋的轴心受压柱

在实际工程中，当柱子承受轴力较大、截面尺寸又受到限制时，则可以采用密排的螺旋式或焊接圆环式箍筋（二者又称为间接钢筋）以提高构件的承载力。因其用钢量大，施工困难，造价高，不宜普遍采用。

本书略掉配有螺旋式间接钢筋的轴心受压柱的计算。

本　章　小　结

（1）按轴向压力作用位置不同受压构件分为：轴心受压构件和偏心受压构件。其中偏心受压构件又分为单向偏心和双向偏心受压构件两类。

（2）配有普通箍筋的轴心受压构件承载力计算公式：$N\leqslant0.9\phi(f_cA+f'_yA'_s)$；配有螺旋式和焊接环式间接钢筋的轴心受压构件承载力计算公式：$N\leqslant N_u=0.9(f_cA_{cor}+f'_yA'_s+2\alpha f_yA_{sso})$。

复　习　思　考　题

1. 受压构件中纵向钢筋有什么作用？为什么轴心受压柱中纵向受力钢筋的配筋率不

应过大和过小?

2. 在轴心受压构件中,采用高强钢筋是否经济? 为什么?

3. 计算轴心受压构件时为什么要考虑稳定系数?

4. 何谓间接钢筋? 它在构件中起什么作用?

5. 钢筋混凝土柱中放置箍筋的目的是什么? 对箍筋的直径、间距有何规定?

习　　题

10-1　已知轴心受压柱的截面尺寸 $b \times h = 400\text{mm} \times 400\text{mm}$,混凝土强度等级 C20 ($f_c = 9.6\text{N/mm}^2$),纵向受力钢筋为 HRB335 级 ($f_y = 300\text{N/mm}^2$),柱的计算长度 $l_0 = 6400\text{mm}$,轴向力设计值 $N = 1480\text{kN}$,试确定纵向钢筋和箍筋。

10-2　已知现浇钢筋混凝土轴心受压柱,截面尺寸为 $b \times h = 300\text{mm} \times 300\text{mm}$,计算高度 $l_0 = 4800\text{mm}$,混凝土强度等级 C30,纵向受力钢筋为 HRB335 级 4 Φ 25,求该柱所能承受的最大轴向力设计值。

第十一章　地基与基础知识

【能力目标、知识目标】

通过本章的学习，使学生明确地基与基础工程的设计要点，掌握地基土的力学性质、各类基础的受力特点和构造形式，以达到土建施工员、土建预算员等岗位资格考试要求。

【学习要求】

(1) 本章重点掌握土的工程性质，掌握地基土中应力计算的基本知识，了解各类地基土承载力的差值表现；掌握基础的种类、受力特点及构造形式。

(2) 通过本章的学习，学生能够掌握地基与基础工程的设计要点，熟悉各类土的工程性质。

第一节　土的工程分类与性质

一、土的工程分类

"土"一词在不同的学科领域有其不同的含义。就土木工程领域而言，土是指覆盖在地表的没有胶结和弱胶结的颗粒堆积物。土与其他连续介质的建筑材料相比，具有下列三个显著的工程特征：

(1) 压缩性高：反映材料压缩性高低的指标弹性模量 E（土称变形模量），随着材料的不同而有极大的差别。

例如：钢筋 $E_s = 2.1 \times 10^5 \text{N/mm}^2$；

C20 混凝土 $E_c = 2.6 \times 10^4 \text{N/mm}^2$；

卵石 $E = 50 \text{N/mm}^2$；

饱和细砂 $E = 10 \text{N/mm}^2$。

(2) 强度低：表现为抗剪强度很低。

(3) 透水性大：土颗粒之间有无数孔隙，形成大量贯通的孔隙，从而具有透气性和透水性。

1. 土的分类

(1) 根据地质成因可分为残积土、坡积土、洪积土、冲积土、风积土等。

(2) 根据颗粒级配或塑性指数可分为碎石土、砂土、粉土和黏性土。

(3) 根据土的工程特性的特殊性可分为一般土和特殊土。

(4) 根据《建筑地基基础设计规范》(GB 50007—2011)，土的工程分类有：

1) 岩石，颗粒间牢固联结，形成整体、节理、裂隙的岩体。岩石可分为：按成因分为岩浆岩、沉积岩和变质岩；按坚硬程度分为坚硬岩、较硬岩、较软岩、软岩、极软岩等

5 类；按风化程度分为未风化、微风化、中风化、强风化、全风化等 5 类；根据完整性可分完整、较完整、较破碎、破碎和极破碎等 5 类。

2）碎石土，粒径大于 2mm 的颗粒含量超过全重的 50％。按粒径和颗粒形状可进一步划分为漂石、块石、卵石、碎石、圆砾和角砾。

3）砂土，指粒径大于 2mm 的颗粒含量不超过全重 50％、粒径大于 0.075mm 的颗粒超过全重 50％的土。

4）粉土，粉土是指粒径大于 0.075mm 的颗粒含量不超过总质量的 50％，且塑性指数 $I_P \leqslant 10$ 的土。粉土是介于砂土和黏性土之间的过渡性土类，它具有砂土和黏性土的某些特征，根据黏粒含量可以将粉土再划分为砂质粉土和黏质粉土。

5）黏性土，黏性土是指塑性指数大于 10 的土。根据塑性指数大小，黏性土可再划分为粉质黏土和黏土两个亚类；当 $10 < I_P \leqslant 17$ 时为粉质黏土；当 $I_P > 17$ 时为黏土。

6）人工填土，人工填土是指由人类活动而堆填的土。其物质成分较杂，均匀性较差。根据其物质组成和堆填方式，填土可分为素填土、杂填土和冲填土三类。

素填土是由碎石、砂或粉土、黏性土等一种或几种材料组成的填土，其中不含杂质或含杂质很少。按主要组成物质分为碎石素填土、砂性素填土、粉性素填土及黏性填土。经分层压实后则称为压实填土。

杂填土是含大量建筑垃圾、工业废料或生活垃圾等杂物的填土。按其组成物质成分和特征分为建筑垃圾土、工业废料土及生活垃圾土。

冲填土为由水力冲填泥浆形成的填土。

二、土的工程性质

土的工程性质对土方工程施工有直接影响，也是进行地基计算和设计必须掌握的基本资料。其基本工程性质如下。

1. 土的天然密度和干密度

土在天然状态下单位体积的质量，称为土的天然密度，又称为湿密度。它影响土的承载力、土压力及边坡稳定性。土的天然密度 ρ 按式（11-1）计算：

$$\rho = \frac{m}{V} \tag{11-1}$$

式中　m——土的总质量，kg；

V——土的天然体积，m^3。

土的干密度 ρ_d 是指单位体积中土的固体颗粒的质量，用式（11-2）表示：

$$\rho_d = \frac{m_s}{V} \tag{11-2}$$

土的干密度在一定程度上反映了土颗粒排列的紧密程度，密度越大开挖难度也越大。工程中常把干密度作为评定填土压实质量的控制指标。

2. 土的可松性

自然状态下的土经开挖后，其体积因松散而增加，虽经回填夯实，仍不能完全恢复到原状态土的体积，土的这种经扰动而体积改变的性质称为土的可松性。土的可松程度用最

初可松性系数 K_s 及最后可松性系数 K'_s 表示。即

$$K_s = \frac{V_2}{V_1} \quad\quad\quad\quad (11-3)$$

$$K'_s = \frac{V_3}{V_1} \quad\quad\quad\quad (11-4)$$

式中　V_1——土在天然状态下的体积，m^3；

　　　V_2——土在挖出后松散状态下的体积，m^3；

　　　V_3——土经压（夯）实后的体积，m^3。

3. 土的含水量

土的含水量 w 是指土中所含水的质量与土的固体颗粒质量之比，用百分率表示，即

$$w = \frac{m_w}{m_s} \times 100\% \quad\quad\quad\quad (11-5)$$

式中　m_w——土中水的质量，kg；

　　　m_s——土中固体颗粒的质量，kg。

土的含水量反映土的干湿程度。含水量在 5% 以下称干土；含水量在 5%～30% 之间称为湿土；大于 30% 称为饱和土。土的含水量对挖土的难易、土方边坡的稳定性及填土压实等均有直接影响。

4. 土的渗透性

土的渗透性也称透水性，是指土体被水透过的性质。它主要取决于土体的孔隙特征，如孔隙的大小、形状、数量和贯通情况等。地下水在土中的渗流速度一般可按达西定律计算：

$$v = K\frac{H_1 - H_2}{L} = K\frac{h}{L} = KI \quad\quad\quad\quad (11-6)$$

式中　v——水在土中的渗流速度，m/d 或 m/h；

　　　K——土的渗透系数，m/d 或 m/h；

　　　I——水力坡度，$I_l = \dfrac{H_1 - H_2}{L}$，即 A、B 两点水头差与其水平距离之比（图 11-1）。

渗透系数 K 反映出土透水性的强弱。它直接影响降水方案的选择和涌水量的计算。

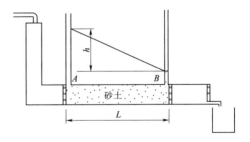

图 11-1　砂土渗透实验

第二节　地基与土中应力

地基是指支撑在基础下面的土壤层，地基可分为天然地基和人工地基两类。凡天然土层本身具有足够的强度，能直接承受建筑物荷载的地基被称为天然地基。凡须预先对土壤层进行人工加工或加固处理后承受建筑物荷载的地基称人工地基。人工加固地基通常采用

压实法、换土法、打桩法以及化学加固法等。

地基每平方米所能承受的最大压力称为地基允许承载力，也称为地耐力。它是由地基土本身的性质决定的。当基础传给地基的压力超过了地耐力时，地基就会出现较大的沉降变形或失稳，甚至会出现地基土滑移，从而引起建筑的开裂、倾斜，直接威胁到建筑物的安全。因此，地基必须具备较高的承载力。即基础底面的平均压力不能超过地基允许承载力。在建筑选场时，就应尽可能选在承载力高且分布均匀的地段，如岩石类、碎石类、砂性土类和黏性土类等地段。

地基承受的由基础传来的压力包括上部结构至基础顶面的竖向荷载、基础自重及基础上部土层重量。若基础传给地基的压力用 N 来表示，基础底面积用 A 来表示，地基允许承载力用 f 来表示，则它们三者的关系如下：

$$A \geqslant N/f \tag{11-7}$$

由此可见，基础底面积是根据建筑总荷载和建筑地点的地基允许承载力来确定的。当地基承载力 f 不变时，传给地基的压力 N 越大，基础底面积 A 也应越大。或者说，当建筑总荷载不变时，允许地基承载力 f 越小，则基础底面积 A 要求越大。

一、土中应力计算的目的及方法

当土中应力增量将引起土的变形，从而使建筑物发生下沉、倾斜及水平位移等；或是土中应力过大时，也会导致土的强度破坏，甚至使土体发生滑动而失稳。因此，研究土体的变形、强度及稳定性等力学问题时，都必须掌握先掌握土中应力状态。

计算土中应力分布可利用弹性力学理论，因为：土的分散性影响；土的非均质性和非理想弹性的影响；地基土可视为半无限体。

土中一点应力状态分析通过平面应力问题分析，一点的应力状态可由 σ_x、σ_x、τ_{xy} 或最大、最小主应力 σ_1、σ_3 完全确定。由材料力学的知识材料点的最大、最小主应力为

$$\begin{matrix} \sigma_1 \\ \sigma_3 \end{matrix} = \frac{\sigma_x + \sigma_y}{2} \pm \sqrt{\left(\frac{\sigma_x - \sigma_y}{2}\right)^2 + \tau_{xy}^2} \tag{11-8}$$

则斜截面的应力为

$$\begin{cases} \sigma = \dfrac{\sigma_1 + \sigma_3}{2} + \dfrac{\sigma_1 - \sigma_3}{2}\cos\alpha \\ \tau = \dfrac{\sigma_1 - \sigma_3}{2}\sin\alpha \end{cases} \tag{11-9}$$

应力符号规定：在用摩尔圆进行分析时，法向应力仍以压为正，剪应力方向的符号规定则与材料力学相反。材料力学中规定剪应力以顺时针方向为正，土力学中则规定剪应力以逆时针方向为正。

1. 土中自重应力计算

由于土本身的有效重力引起的应力称为自重应力。自重应力一般是自土体形成之日起就产生于土中。

（1）均质土自重应力计算。在深度 z 处平面上，土体因自身重力产生的竖向应力 σ_{cz} 等于单位面积上土柱体的重力 G，如图 11-2 所示。在深度 z 处土的自重应力为

$$\sigma_{cz} = \frac{G}{A} = \frac{\gamma z A}{A} = \gamma z \qquad (11-10)$$

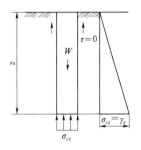

式中　σ_{cz}——竖向自重应力；

　　　γ——土的重度，kN/m³；

　　　A——土柱体的截面积，m²。

从式（11-10）可知，自重应力随深度 z 线性增加，呈三角形分布图形。

（2）成层土自重应力计算。地基土通常为成层土。当地基为成层土体时，设各土层的厚度为 h_i，重度为 g_i，则在深度 z 处土的自重应力计算公式为

图 11-2　均质土自重
应力计算

$$\sigma_{cz} = \sum_{i=1}^{n} \gamma_i h_i \qquad (11-11)$$

$$z = \sum_{i=1}^{n} h_i \qquad (11-12)$$

式中　n——从地面到深度 z 处的土层数；

　　　h_i——第 i 层土的厚度，m。

成层土的自重应力沿深度呈折线分布，转折点位于 γ 值发生变化的土层界面上。

（3）有地下水土时自重应力计算。当计算地下水位以下土的自重应力时，应根据土的性质确定是否需要考虑水的浮力作用。通常认为水下的砂性土是应该考虑浮力作用的。黏性土则视其物理状态而定，一般认为：

若水下的黏性土其液性指数 $I_l > 1$，则土处于流动状态，土颗粒之间存在着大量自由水，可认为土体受到水浮力作用；若 $I_l \leqslant 0$，则土处于固体状态，土中自由水受到土颗粒间结合水膜的阻碍不能传递静水压力，故认为土体不受水的浮力作用；若 $0 < I_l < 1$，土处于塑性状态，土颗粒是否受到水的浮力作用就较难肯定，在工程实践中一般均按土体受到水浮力作用来考虑。若地下水位以下的土受到水的浮力作用，则水下部分土的重度按有效重度 γ' 计算，其计算方法同成层土体情况。

（4）存在隔水层时土的自重应力计算。当地基中存在隔水层时，隔水层面以下土的自重应考虑其上的静水压力作用。

$$\sigma_{cz} = \sum_{i=1}^{n} \gamma_i h_i + \gamma_w h_w \qquad (11-13)$$

式中　γ_i——第 i 层土的天然重度，对地下水位以下的土取有效重度 γ_i'；

　　　h_w——地下水到隔水层的距离，m。

在地下水位以下，如埋藏有不透水层，由于不透水层中不存在水的浮力，所以层面及层面以下的自重应力应按上覆土层的水土总重计。

（5）土中水平自重应力计算。假定在自重作用下，没有侧向变形和剪切变形。根据弹性力学理论和土体侧限条件，则水平自重应力 σ_{cx}、σ_{cy} 如下：

竖向自重应力：

$$\sigma_{cz} = \gamma z \qquad (11-14)$$

水平自重应力：

$$\sigma_{cx} = \sigma_{cy} = K_0 \sigma_{cz} \qquad (11-15)$$

静止土压力系数：

$$K_0 = \frac{\mu}{1-\mu} \qquad (11-16)$$

式中 μ——泊松比；

K_0——也称侧压系数，取 $0.33 \sim 0.72$，通过实验测定。

二、基底压力计算

建筑物荷载通过基础传递给地基的压力称为基底压力（地基反力）。也就是作用于基础底面土层单位面积的压力，单位为 kPa。基底压力分布及其影响因素：相对刚度、地基土的性质、基础大小、形状和埋深、作用在基础上的荷载大小、分布和性质等。

荷载和土性的影响。当荷载较小时，基底压力分布形状如图 11-3（a）所示，接近于弹性理论解；荷载增大后，基底压力呈马鞍形［图 11-3（b）］；荷载再增大时，边缘塑性破坏区逐渐扩大，所增加的荷载必须靠基底中部力的增大来平衡，基底压力图形可变为抛物线型［图 11-3（d）］以至倒钟形分布［图 11-3（c）］。

刚性基础放在砂土地基表面时，由于砂颗粒之间无黏结力，其基底压力分布更易发展成图 11-3（d）所示的抛物线形；而在黏性土地基表面上的刚性基础，其基底压力分布易成图 11-3（b）所示的马鞍形。

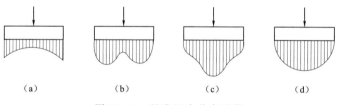

（a） （b） （c） （d）

图 11-3 基底压力分布形状

根据弹性理论中圣维南原理，在总荷载保持定值的前提下，地表下一定深度处，基底压力分布对土中应力分布的影响并不显著，而只决定于荷载合力的大小和作用点位置。因此，除了在基础设计中，对于面积较大的片筏基础、箱形基础等需要考虑基底压力的分布形状的影响外，对于具有一定刚度以及尺寸较小的柱下单独基础和墙下条形基础等，其基底压力可近似地按直线分布的图形计算，即可以采用材料力学计算方法进行简化计算。

1. 基底压力简化计算

基底压力分布是很复杂的，一般并非线形分布。当基础有一定刚度且基底尺寸较小时，工程上常将基底压力假定为线形分布，应用材料力学理论进行简化计算，如图 11-4 所示。

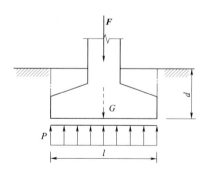

图 11-4 轴心荷载下的基底压力

轴心荷载下的基底压力计算如下：

$$P = \frac{F+G}{A} \tag{11-17}$$

式中　P——作用任一基础上的竖向力设计值，kN；

　　　　G——基础自重设计值及其上回填土重标准值的总重，kN，$G = g_G A d$，g_G 为基础及回填土之平均重度，一般取 20kN/m^3，但在地下水位以下部分应扣去浮力，即取 10kN/m^3；

　　　　d——基础埋深，必须从设计地面或室内外平均设计地面算起，m；

　　　　A——基底面积，m^2，对矩形基础 $A = lb$，l 和 b 分别为其的长和宽。对于荷载沿长度方向均匀分布的条形基础，取单位长度进行基底平均压力设计值 $P(\text{kPa})$ 计算，A 改为 $b(\text{m})$，而 F 及 G 则为基础截面内的相应值（kN/m）。

2. 偏心荷载下的基底压力计算

$$\begin{array}{c} P_{\max} \\ P_{\min} \end{array} = \frac{F+G}{A} \pm \frac{M}{W} \tag{11-18}$$

式中　$P_{\max}$，$P_{\min}$——基础底面边缘的最大、最小压力设计值，kPa；

　　　　M——基础底面形心的力矩设计值，$\text{kN} \cdot \text{m}$；

　　　　W——基础底面的抵抗矩，m^3。

或

$$\begin{array}{c} P_{\max} \\ P_{\min} \end{array} = \frac{F+G}{A} \left(1 \pm \frac{6e}{l} \right) \tag{11-19}$$

当 $e < l/6$ 时，基底压力分布图呈梯形［图 11-5（b）］；当 $e = l/6$ 时，则呈三角形［图 11-5（c）］；当 $e > l/6$ 时，按计算结果，距偏心荷载较远的基底边缘反力为负值，即 $P_{\min} < 0$［图 11-5（c）］。

3. 基底附加压力计算

一般情况下，建筑物建造前天然土层在自重作用下的变形早已结束。因此，只有基底附加压力才能引起地基的附加应力和变形。

基底附加压力是基础底面处地基土在初始应力基础上增加的压力。该处的初始应力为基础底面处土的自重应力 σ_{cd}，现有压力为基底压力 P，所以基底附加压力 P_0 等于基底压力 P 与自重应力 σ_{cd} 的差，即

$$P_0 = P - \sigma_{cd} \tag{11-20}$$

土中的附加应力是由建筑物荷载所引起的应力增量（即土在初始应力基础上增加的应力）。假设地基土是均匀、连续、各向同性的半无限空间线形弹性体，一般采用将基底附加压力当作作用在弹性半无限

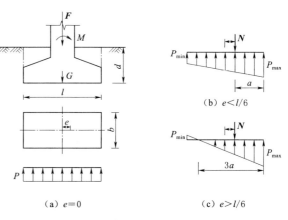

图 11-5　偏心荷载下的基底压力

体表面上的局部荷载，用弹性理论求解的方法计算。此处仅做简单介绍，不再赘述复杂计算公式。

（1）竖向集中力作用土中附加应力计算。在均匀的、各向同性的半无限弹性体表面作用一竖向集中力 P 时，半无限体内任意点 M 的应力可由布西奈斯克解计算。

（2）任意分布荷载作用下土中附加应力计算。对实际工程中普遍存在的分布荷载作用时的土中应力计算，如下方法处理：当基础底面的形状或基底下的荷载分布不规则时，可以把分布荷载分割为许多集中力，然后用布西奈斯克公式和叠加原理计算土中应力。当基础底面的形状及分布荷载都是有规律时，则可以通过积分求解得相应的土中应力。

（3）均布矩形荷载作用土中附加应力计算。在地基表面作用一分布于矩形面积（$l \times b$）上的均布荷载，计算矩形面积中点下深度 z 处 M 点的竖向应力时，矩形面积均布荷载作用下土中任意点下的附加应力可利用角点法计算。

（4）地基土的非均匀性对附加应力的影响。在柔性荷载作用下，将土体视为均质各向同性弹性土体时土中附加应力的计算与土的性质无关。但是，地基土往往是由软硬不一的多种土层所组成，其变形特性在竖直方向差异较大，应属于双层地基的应力分布问题。

三、淤泥软土地基处理

鉴于淤泥软土地基承载力低，压缩性大，透水性差，不易满足建筑物地基设计要求，故需进行处理，下面介绍淤泥软土地基五种处理方法。

1. 桩基法

当淤土层较厚，难以大面积进行深处理，可采用打桩办法进行加固处理。而桩基础技术多种多样，早期多采用水泥土搅拌桩、砂石桩、木桩，目前很少使用，一是水泥土搅拌桩水灰比、输浆量和搅拌次数等控制管理自动化系统未健全，设备陈旧，技术落后，存在搅拌均匀性差及成桩质量不稳定问题；二是砂石桩用以加固较深淤泥软土地基，由于存在工期长，施工后变形大等问题，已不再用作对变形有要求的建筑地基处理；三是民用建筑已禁用木桩基础。

钢筋混凝土预制桩（钢筋混凝土桩和预应力管桩）目前由于具有较强承载力，投资节省，质量有保证，施工速度快等特点，得到普遍运用。

淤土层较厚地基处理还可以采用灌注桩，打灌注桩至硬土层，作承载台，灌注桩有沉管灌注桩和冲钻孔灌注桩，但两种方法灌注桩还存在一些技术难题，一是沉管灌注桩在深厚软土中存在桩身完整性问题；二是冲钻孔灌注桩存在泥浆污染问题，桩身混凝土灌注质量，桩底沉渣清理和持力层判断不易监控等问题。

2. 换土法

当淤土层厚度较薄时，也可采用淤土层换填砂壤土、灰土、粗砂、水泥土及采用沉井基础等办法进行地基处理，鉴于换砂不利于防渗，且工程造价较高，一般应就地取材，以换填泥土为宜。换土法要回填有较好压密特性土进行压实或夯实，形成良好的持力层，从而改变地基承载力特性，提高抗变形和稳定能力，施工时应注意坑边稳定，保证填料质量，填料应分层夯实。

3. 灌浆法

灌浆法是利用气压、液压或电化学原理将能够固化的某些浆液注入地基介质中或建筑物与地基的缝隙部位。灌浆浆液可以是水泥浆、水泥砂浆、黏土水泥浆、黏土浆及各种化学浆材如聚氨酯类、木质素类、硅酸盐类等。灌浆法对加固淤泥软土地基具有明显效果。

4. 排水固结法

排水固结法是解决淤泥软黏土地基沉降和稳定问题有效措施，由排水系统和加压系统两部分组合而成。排水系统是在地基中设置排水体，利用地层本身的透水性由排水体集中排水的结构体系，根据排水体的不同可分为砂井排水和塑料排水带排水两种。

5. 加筋法

加筋土是将抗拉能力很强土工合成材料、金属材料等埋置于土层中，利用土颗粒位移与拉筋产生摩擦力，使土与加筋材料形成整体，减少整体变形和增强整体稳定。

第三节 基 础

一、基础的分类

按组成基础的材料和受力特点，可分为刚性基础和非刚性基础。

1. 刚性基础

凡受刚性角限制的基础称为刚性基础。

（1）砖基础。主要材料为普通黏土砖。多用于地基土质好、地下水位较低、五层以下的砖混结构建筑中，如图 11 - 6 所示。

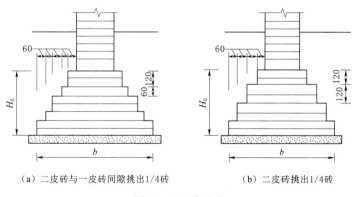

（a）二皮砖与一皮砖间隙挑出1/4砖　　　（b）二皮砖挑出1/4砖

图 11 - 6　砖基础

（2）灰土基础与三合土基础。在地下水位比较低的地区，常在砖基础下做灰土垫层，该灰土层的厚度不小于 100mm。由于灰土垫层按基础计算，故称为灰土基础。灰土基础是由粉状石灰与黏土加适量水拌和夯实而成的。石灰与黏土的体积比为 3∶7 或 2∶8，灰土每层均虚铺 220mm，夯实后厚度为 150mm 左右。三合土基础：石灰、砂、集料（碎砖、碎石或矿渣），按体积比 1∶3∶6 或 1∶2∶4 加水拌和夯实而成的。通常其总厚度

$H_0 \geqslant 300mm$，宽度 $b \geqslant 600mm$。三合土基础适用于四层以下建筑，如图 11 - 7 所示。

（3）毛石基础是由未经加工的石材和砂浆砌筑而成的。用于地下水位较高、冻结深度较深的低层和多层民用建筑中。其剖面形式多呈阶梯形。基础的顶面要比墙或柱每边宽出 100mm，基础的宽度、每个台阶的高度均不宜小于 400mm；每个台阶挑出的宽度不应当大于 200mm，如图 11 - 8 所示。

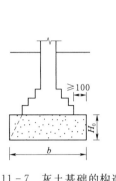

图 11 - 7 灰土基础的构造

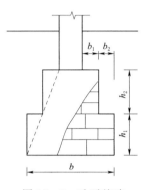

图 11 - 8 毛石基础

（4）混凝土基础。混凝土基础的断面可以做成矩形、阶梯形和锥形。当基础宽度小于 350mm 时，多做成矩形；大于 350mm 时，多做成阶梯形。常在混凝土中加入粒径不超过 300mm 的毛石，这种混凝土称为毛石混凝土，如图 11 - 9 所示。

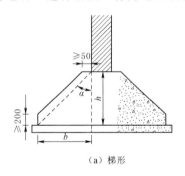

（a）梯形　　　　　　　　　（b）阶梯形

图 11 - 9 混凝土基础

2. 非刚性基础

钢筋混凝土基础称为非刚性基础或称为柔性基础。钢筋混凝土能够发生一定的变形，柱下和墙下钢筋混凝土基础一般做成锥形和台阶形。对于墙下钢筋混凝土基础，当地基不均匀时，还要考虑墙体纵向弯曲的影响。这种情况下，为了增加基础的整体性和加强基础纵向抗弯能力，墙下钢筋混凝土基础可采用有肋的基础形式，图 11 - 10 为混凝土基础与钢筋混凝土基础比较图。

柱下和墙下钢筋混凝土基础一般做成锥形（图 11 - 11）和台阶形。对于墙下钢筋混凝土基础，当地基不均匀时，还要考虑墙体纵向弯曲的影响。这种情况下，为了增加基础的整体性和加强基础纵向抗弯能力，墙下钢筋混凝土基础可采用有肋的基础形式。

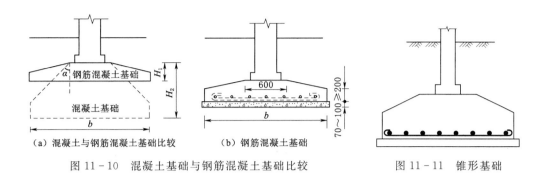

（a）混凝土与钢筋混凝土基础比较　　（b）钢筋混凝土基础

图 11-10　混凝土基础与钢筋混凝土基础比较　　　　图 11-11　锥形基础

二、基础的构造

基础的构造形式主要取决于建筑物上部结构形式、荷载的大小、地基土壤性质。在一般情况下，上部结构形式直接影响基础的形式，但当上部荷载大且地基承载能力有变化时，基础的形式也随之变化。基础按构造形式可分为七种基本类型。

1. 条形基础或带形基础

当建筑物上部结构为墙承重结构时，基础沿墙身设置，多做成长条形，这种基础称为条形基础或带形基础。该类基础多用于砖混结构，其基础常选用砖、石、灰土、三合土等材料，也可采用钢筋混凝土条形基础，如图 11-12 所示。

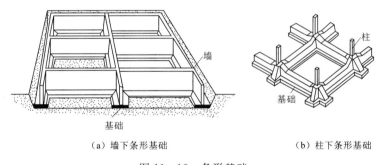

（a）墙下条形基础　　　　　　　　　　（b）柱下条形基础

图 11-12　条形基础

2. 独立基础或柱式基础

当建筑物上部采用框架结构或单层排架结构承重时，基础常采用方形或矩形的单独基础，这种基础称为独立基础或柱式基础。独立基础是柱下基础的基本形式，常用的断面形式：阶梯形、锥形、杯形，如图 11-13 所示。优点：减少土方工程量、节约基础材料。缺点：基础之间无构件连接件，整体刚度较差。

3. 井格式基础

将柱下基础沿纵、横方向连接起来，做成十字交叉的井格基础，故又称为十字带形基础，如图 11-14 所示。

4. 筏式基础

用整片的筏板承受建筑物的荷载，这种基础形似筏子。筏式基础按结构形式可分为板式结构和梁板式结构两类，如图 11-15 所示。

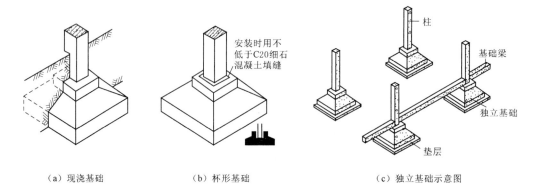

（a）现浇基础   （b）杯形基础   （c）独立基础示意图

图 11-13 条形基础

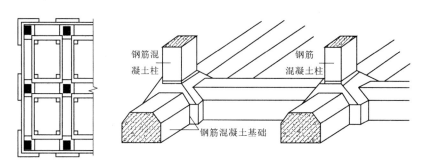

图 11-14 井格式基础

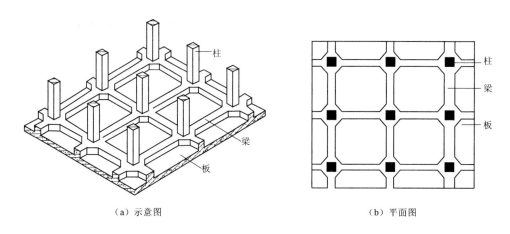

（a）示意图   （b）平面图

图 11-15 筏式基础

5. 不埋板式基础

在天然地表上，将场地平整并用压路机将地表土碾压密实后，在较好的持力层上，浇灌钢筋混凝土平板，如图 11-16 所示。

6. 箱形基础

一般适用于高层建筑或在软弱地基上建造重型建筑物。当箱形基础的内部空间较大

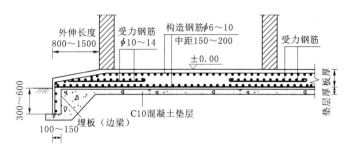

图 11 - 16　不埋板式基础

时，可用作地下室，如图 11 - 17 所示。

7. 桩基础

当建筑物上部荷载较大、地基的软弱土层较厚、地基承载力不能满足要求且做成人工地基又不具备条件或不经济时，常采用桩基础。采用桩基础能节省基础材料，减少挖填土方工程量，改善工人的劳动条件，缩短工期。根据材料不同可分为：木桩、钢筋混凝土桩、钢桩和其他组合材料桩，如图 11 - 18 所示。

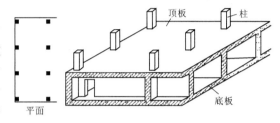

图 11 - 17　箱形基础

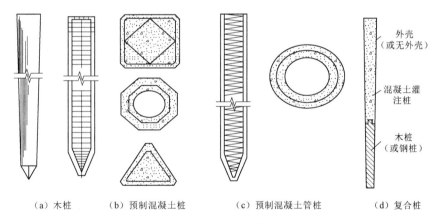

（a）木桩　　　（b）预制混凝土桩　　　（c）预制混凝土管桩　　　（d）复合桩

图 11 - 18　不埋板式基础

本　章　小　结

（1）本章主要介绍土的工程分类和工程特征，讲解了地基基本知识，地基是指支撑在基础下面的土壤层，分为天然地基和人工地基两类。人工加固地基通常采用压实法、换土法、打桩法以及化学加固法等。

（2）本章介绍了地基土压力的计算，以此确定地基承载力，而且在建筑选场时，就应尽可能选在承载力高且分布均匀的地段，如岩石类、碎石类、砂性土类和黏性土类等地段，同时还讲了淤泥软土地基处理方法。

（3）基础部分重点是各类基础的特点和结构受力，并从基础的构造形式上，介绍了工程中常见的基础形式。

<h2 style="text-align:center">复 习 思 考 题</h2>

1. 在土木工程领域，土是怎样定义的？土的工程特征有哪些？

2. 什么是地基？地基是如何分类的？

3. 试说明土中各类压力是怎样计算的？基地附加应力是怎样计算的？

4. 基础是怎样分类的？为什么这些类别？各有何特点？

5. 确定地基容许承载力的方法有哪些？

6. 淤泥软土地基处理的方法有哪些？是如何处理地基的？

7. 何谓基础的埋置深度？影响基础的埋置深度的因素有哪些？

8. 何谓刚性基础？何谓刚性角？刚性基础为什么要考虑刚性角？

部 分 参 考 答 案

▼

第三章

3-1 $F_{1x}=172kN$ $F_{1y}=100kN$ $F_{2x}=0$ $F_{2y}=-150kN$

$F_{3x}=140kN$ $F_{3y}=140kN$ $F_{4x}=F_4=250kN$

$F_{4y}=0$ $F_{5x}=160kN$ $F_{5y}=120kN$

3-2 $F_{1x}=10N$ $F_{1y}=0.1N$ $F_{2x}=0$ $F_{2y}=6N$

$F_{3x}=-5.64N$ $F_{3y}=4\sqrt{2}N$ $F_{4x}=10.40N$ $F_{4y}=6N$

3-3 (a) $F_{AC}=1.17W$

$F_{AB}=0.57W$

(b) $F_{AB}=0.5W$

$F_{AB}=0.81W$

(c) $F_{AB}=F_{AB}=0.57W$

3-5 (a) $M_O=Fl$

(b) $M_O=0$

(c) $M_O=F\sin\beta \cdot l$

(d) $M=F\sin\beta \cdot l$

(e) $M_O=-F \cdot a$

(f) $M_O=F\sin\alpha \cdot L-F\cos\alpha \cdot a$

3-6 $m_A(F)=-F\cos\alpha \cdot b-F\sin\alpha \cdot a$ $m_A(W)=W\cos\alpha \cdot \dfrac{a}{2}-W\sin\alpha \cdot \dfrac{a}{2}$

3-7 (a) $F_{Ay}=F$ $F_{Ax}=0$ $M_A=Fl$

(b) $F_{Ax}=0$ $M_B=0$ $F_{Ay}(a+b)=Fb$

(c) $F_{Ay}=\dfrac{Fb}{a+b}$ $F_A=F_B=\dfrac{M}{a+b}$

3-8 (a) $F_{Ax}=0$ $F_{Ay}=\dfrac{gl}{2}$ $F_B=\dfrac{gl}{2}$

(b) $F_{Ax}=0$ $F_{Bx}=0$ $M_A=300N \cdot m$

3-9 $M_O=171.5kN \cdot m$

$F_{Ax}=75kN$ $F_{Ay}=36kN$

3-10 $F_{Ax}=2kN$ $F_{Ay}=147.56kN$ $F_B=2.44kN$

第四章

4-1 (a) $N_1=6kN$ $N_2=-2kN$ $N_3=2kN$

(b) $N_1 = 1\mathrm{kN}$　$N_2 = -4\mathrm{kN}$　$N_3 = 0\mathrm{kN}$

4-3　上段 $N = -50\mathrm{kN}$　下段 $N = -150\mathrm{kN}$

　　上段 $\sigma = -0.87\mathrm{MPa}$　下段 $\sigma = -1.10\mathrm{MPa}$

　　上段 $\Delta l = -10.42\mathrm{mm}$　下段 $\Delta l = -17.53\mathrm{mm}$　截面 A 的位移为$-27.95\mathrm{mm}$

4-4　$\sigma_{\max}^{+} = 38.2\mathrm{MPa}$　　$\sigma_{\max}^{-} = 35.37\mathrm{MPa}$　$\Delta l = 0.014\mathrm{mm}$

　　$\varepsilon_1 = -1.77 \times 10^{-4}$　$\varepsilon_2 = -1.3 \times 10^{-4}$　$\varepsilon_3 = 1.9 \times 10^{-4}$

4-5　强度足够

4-6　$b = 48.5\mathrm{mm}$

4-7　$\sigma = 120\mathrm{MPa}$　拉力为 $9425\mathrm{N}$

4-8　角钢 $30 \times 30 \times 4$

4-9　钢杆 $d = 26\mathrm{mm}$　木杆 $a = 95\mathrm{mm}$

4-10　强度足够

4-11　$d = 33\mathrm{mm}$

第五章

5-1　(a) $Q_1 = 0$　$M_1 = 0$　$Q_2 = -\dfrac{ql}{2}$　$M_2 = -\dfrac{ql^2}{8}$

　　　$Q_3 = -\dfrac{ql}{2}$　$M_3 = -\dfrac{ql^2}{8}$

　　(b) $Q_1 = \dfrac{p}{2}$　$M_1 = 0$　$Q_2 = \dfrac{p}{2}$　$M_2 = \dfrac{pl}{4}$

　　　$Q_3 = -\dfrac{p}{2}$　$M_3 = \dfrac{pl}{4}$

　　(c) $Q_1 = 0$　$M_1 = -M$　$Q_2 = 0$　$M_2 = -M$

　　　$Q_3 = -p$　$M_3 = -M$

　　(d) $Q_1 = \dfrac{M}{l}$　$M_1 = 0$　$Q_2 = \dfrac{M}{l}$　$M_2 = \dfrac{M}{2}$

　　　$Q_3 = \dfrac{M}{l}$　$M_3 = -\dfrac{M}{2}$

5-4　$\sigma_a = -13.12\mathrm{MPa}$　$\sigma_b = 0\mathrm{MPa}$　$\sigma_c = 13.12\mathrm{MPa}$

5-5　$[p] = 61.44\mathrm{kN}$

5-6　正应力强度不足，剪应力强度足够

5-7　$d = 14.5\mathrm{mm}$

5-8　$I = 1.135 \times 10^8\,\mathrm{mm}^4$

第六章

6-1　$M_B = 4\mathrm{kN \cdot m}$，$M_H = -8\mathrm{kN \cdot m}$

6-2　(a) $M_{DB} = 120\mathrm{kN \cdot m}$（下侧受拉）

　　(b) $M_{BC} = 25\mathrm{kN \cdot m}$（下侧受拉）

$M_{BA} = 20\text{kN} \cdot \text{m}$（右侧受拉）

$V_{BC} = 0$，$V_{BA} = 5\text{kN}$

$N_{BC} = 0$，$N_{BA} = 0$

（c）$M_{CB} = -340\text{kN} \cdot \text{m}$（上侧受拉）

$M_{BA} = -120\text{kN} \cdot \text{m}$（左侧受拉）

$V_{BA} = -40\text{kN}$

$N_{BA} = -40\text{kN}$

（d）$M_{BA} = 504\text{kN} \cdot \text{m}$（右侧受拉）

$M_{CB} = 544\text{kN} \cdot \text{m}$（下侧受拉）

$V_{AB} = 168\text{kN}$，$V_{DC} = -120\text{kN}$

$N_{BC} = 168\text{kN}$，$N_{CE} = 48\text{kN}$

6-3　（a）$N_a = -1.8P$（压），$N_b = 2P$（拉）

　　　（b）$N_a = 0$，$N_b = 0$，$N_c = -\dfrac{5}{3}P$（压）

　　　（c）$N_a = 120\text{kN}$（拉），$N_b = -169.7\text{kN}$（压），$N_c = 0$

第七章

7-1　25kN・m

7-2　36.82kN・m

7-3　（1）115.2kN・m

　　　（2）90kN・m；68.4kN・m

第九章

9-1　1688mm²

9-2　83.74kN・m

9-3　772.8mm²，选用 4 ⲁ 16

第十章

10-1　纵向钢筋 4 ⲁ 20，箍筋 ⲁ 8@300

10-2　1632.3kN

参 考 文 献

［1］ 沈养中，等. 理论力学，材料力学，结构力学［M］. 北京：科学出版社，2002.

［2］ 武建华. 材料力学［M］. 重庆：重庆大学出版社，2002.

［3］ 龙驭球，包世华. 结构力学［M］. 北京：高等教育出版社，1979.

［4］ 于光瑜，秦惠民. 建筑力学［M］. 北京：高等教育出版社，1999.

［5］ 沈伦序. 建筑力学［M］. 北京：高等教育出版社，1994.

［6］ 李永光. 建筑力学与结构［M］. 北京：机械工业出版社，2006.

［7］ 中华人民共和国住房和城乡建设部. 工程结构可靠性设计统一标准：GB 50153—2008［S］. 北京：中国计划出版社，2009.

［8］ 中华人民共和国建设部，国家质量监督检验检疫局. 建筑结构可靠度设计统一标准：GB 50068—2001［S］. 北京：中国建筑工业出版社，2002.

［9］ 中华人民共和国住房和城乡建设部. 建筑结构荷载规范：GB 50009—2012［S］. 北京：中国建筑工业出版社，2012.

［10］ 中华人民共和国住房和城乡建设部，国家质量监督检验检疫局. 混凝土结构设计规范（2015 年版）：GB 50010—2010［S］. 北京：中国建筑工业出版社，2016.

［11］ 中华人民共和国住房和城乡建设部. 砌体结构设计规范：GB 50003—2011［S］. 北京：中国计划出版社，2012.

［12］ 中华人民共和国住房和城乡建设部，国家质量监督检验检疫局. 钢结构设计规范（送审稿）：GB 50017—2012［S］. 北京：中国计划出版社，2012.

［13］ 中华人民共和国住房和城乡建设部. 建筑地基基础设计规范：GB 50007—2011［S］. 北京：中国计划出版社，2012.

［14］ 中华人民共和国住房和城乡建设部. 建筑工程抗震设防分类标准：GB 50223—2008［S］. 北京：中国建筑工业出版社，2008.

［15］ 中华人民共和国住房和城乡建设部，国家质量监督检验检疫局. 建筑抗震设计规范（附条文说明）：GB 50011—2010［S］. 北京：中国建筑工业出版社，2010.

［16］ 中华人民共和国住房和城乡建设部. 高层建筑混凝土结构技术规程：JGJ 3—2010［S］. 北京：中国建筑工业出版社，2011.

［17］ 中华人民共和国住房和城乡建设部，国家质量监督检验检疫局. 建筑结构制图标准：GB/T 50105—2010［S］. 北京：中国建筑工业出版社，2011.

［18］ 中国建筑标准设计研究院，中国中元国际工程公司，中国电子工程设计院. 混凝土结构施工图平面整体表示方法制图规则和构造详图：11G101［S］. 北京：中国计划出版社，2011.

［19］ 罗相荣. 钢筋混凝土结构［M］. 北京：高等教育出版社，2003.

［20］ 张学宏. 建筑结构［M］. 北京：中国建筑工业出版社，2007.

［21］ 宋玉普. 新型预应力混凝土结构［M］. 北京：机械工业出版社，2006.

［22］ 王心田. 建筑结构体系与选型［M］. 上海：同济大学出版社，2003.

［23］ 胡兴福. 建筑结构［M］. 北京：高等教育出版社，2005.

［24］ 方建邦. 建筑结构［M］. 北京：中国建筑工业出版社，2010.

［25］ 徐锡权，李达. 钢结构［M］. 北京：冶金工业出版社，2010.

［26］ 汪霖祥. 钢筋混凝土结构与砌体结构［M］. 北京：机械工业出版社，2008.

[27]　张季超. 新编混凝土结构设计原理 [M]. 北京：科学出版社，2011.

[28]　伊爱焦，张玉敏. 建筑结构 [M]. 大连：大连理工大学出版社，2011.

[29]　贾瑞晨，甄精莲，项林. 建筑结构 [M]. 北京：中国建材工业出版社，2012.

[30]　施岚清. 注册结构工程师专业考试应试指南 [M]. 北京：中国建筑工业出版社，2012.

[31]　江正荣. 建筑地基与基础施工手册（精）[M]. 2版. 北京：中国建筑工业出版社，2006.

[32]　曾庆军，梁景章. 土力学与地基基础 [M]. 北京：清华大学出版社，2006.

附　　录

附录一　恒荷载标准值

常用材料和结构自重

类别	名　　称	自重/(kN/m)	备　　注
隔墙及墙面	双面抹灰板条隔墙	0.90	灰厚 16～24mm，龙骨在内
	单面抹灰板条隔墙	0.50	灰厚 16～24mm，龙骨在内
	水泥粉刷墙面	0.36	20mm 厚，包泥粗砂
	水磨石墙面	0.55	25mm 厚，包括打底
	水刷石墙面	0.50	25mm 厚，包括打底
	石灰粗砂墙面	0.34	20mm 厚
	外墙拉毛墙面	0.70	包括 25mm 厚水泥砂浆打底
	剁假石墙面	0.50	25mm 厚，包括打底
	贴瓷砖墙面	0.50	包括水泥砂浆打底，共厚 25mm
屋面	小青瓦屋面	0.90～1.10	
	冷摊瓦屋前	0.50	
	黏土平瓦层面	0.55	
	水泥平瓦屋面	0.50～0.55	
	波形石棉瓦	0.20	1820mm×725mm×8mm
	瓦楞铁	0.05	26 号
	白铁皮	0.05	24 号
	油毡防水层	0.05	一毡两油
	油毡防水层	0.25～0.30	一毡两油，上铺小石子
	油毡防水层	0.30～0.35	二毡三油，上铺小石子
	油毡防水层	0.35～0.40	三毡四油，上铺小石子
	硫化型橡胶油毡防水层	0.02	主材 1.25mm 厚
	氯化聚乙烯卷材防水层	0.03～0.04	主材 0.8～1.5mm 厚
	氯化聚乙烯、橡胶卷材防水层	0.03	主材 1.2mm
	三元乙丙橡胶卷材防水层	0.03	主材 1.2mm 厚
屋架	木架屋	0.07+0.007×跨度	按屋面水平投影面积计算，跨度以米计
	钢屋架	0.12+0.011×跨度	无天窗，包括支撑，按屋面水平投影面积计算，跨度以米计

续表

类别	名　称	自重/(kN/m)	备　注
门窗	木框玻璃窗	0.20～0.30	
	钢框玻璃窗	0.40～0.45	
	铝合金窗	0.17～0.24	
	玻璃幕墙	0.36～0.70	
	木门	0.10～0.20	
	钢铁门	0.40～0.45	
	铝合金门	0.27～0.30	
预制板	预应力空心板	1.73	板厚120mm，包括填缝
	预应力空心板	2.58	板厚180mm，包括填缝
	槽形板	1.20，1.45	肋高120mm、180mm，板宽600mm
	大型屋面板	1.3，1.47，1.75	板厚180mm、240mm、300mm，包括填缝
	加气混凝土板	1.30	板厚200mm，包括填缝
地面	硬木地板	0.20	厚25mm，剪刀撑、钉子等自重在内，不包括搁栅自重
	地板搁栅	0.20	仅搁栅自重
	水磨石地面	0.65	面层厚10mm，20mm厚水泥砂浆打底厚20mm
	菱苦土地面	0.28	底厚20mm
顶棚	V形轻钢龙骨吊顶	0.12	一层9mm纸面石膏板、无保温层
	V形轻钢龙骨及铝合金龙骨吊顶	0.17	一层9mm纸面石膏板、有厚50mm的岩棉保温层
		0.20	二层9mm纸面石膏板、无保温层
		0.25	二层9mm纸面石膏板、有厚50mm的岩棉板保温层
		0.10～0.12	一层矿棉吸音板厚15mm，无保温层
	钢丝网抹灰吊顶	0.45	
	麻刀灰板条棚顶	0.45	吊木在内，平均灰厚20mm
	砂子灰板条棚顶	0.55	吊木在内，平均灰厚25mm
	三夹板顶棚	0.18	吊木在内
	木丝板吊棚	0.26	厚25mm，吊木及盖缝条在内
	顶棚上铺焦渣绝末绝缘层	0.20	厚50mm，焦渣；锯末按1.5混合
基本材料	素混凝土	22.00～24.00	振捣或不振捣
	钢筋混凝土	24.00～25.00	
	加气混凝土	5.50～7.50	单块
	焦渣混凝土	16.00～17.00	承重用
	焦渣混凝土	10.00～14.00	填充用
	泡沫混凝土	4.00～6.00	

类别	名　　称	自重/(kN/m)	备　　注
基本材料	石灰砂浆、混合砂浆	17.00	
	水泥砂浆	20.00	
	水泥蛭石砂浆	5.00～8.00	
	膨胀珍珠岩砂浆	7.00～15.00	
	水泥石灰焦渣砂浆	14.00	
	岩棉	0.50～2.50	
	矿渣棉	1.20～1.50	
	沥青矿渣棉	1.20～1.60	
	水泥膨胀珍珠岩	3.50～4.00	
	水泥蛭石	4.00～6.00	
砌体	浆砌普通砖	18.00	
	浆砌机砖	19.00	
	浆砌矿渣砖	21.00	
	浆砌焦渣砖	12.50～14.00	
	土坯砖砌体	16.00	
	三合土	17.00	灰砂1＝119：114
	浆砌细方石	26.40，25.60，22.40	花岗石、石灰石、砂岩
	浆砌毛方石	24.80，24.00，20.80	花岗石、石灰石、砂岩
	干砌毛石	20.80，20.00，17.60	花岗石、石灰石、砂岩

附录二　活荷载标准值及其组合值、准永久值系数

民用建筑楼面均布活荷载标准值及其组合值、准永久值系数

序号	类　　别	标准值/(kN/m²)	组合值系数 ψ_c	准永久值系数 ψ_q
1	(1) 住宅、宿舍、旅馆、办公楼、医院病房、托儿所、幼儿园； (2) 教室、试验室、阅览室、会议室、医院门诊室	2.0	0.7	0.4 0.5
2	食堂、餐厅、一般资料档案室	2.5	0.7	0.5
3	(1) 礼堂、剧场、影院、有固定座位的看台 (2) 公共洗衣房	3.0 3.0	0.7 0.7	0.3 0.5
4	(1) 商店、展览厅、车站、港口、机场大厅及其旅客等候厅 (2) 无固定座位的看台	3.5 3.5	0.7 0.7	0.5 0.3
5	(1) 健身房、演出舞台 (2) 舞厅	4.0 4.0	0.7 0.7	0.5 0.3
6	(1) 书库、档案库、储藏室 (2) 密集柜书库	5.0 12.0	0.9	0.8

续表

序号	类 别	标准值/(kN/m²)	组合值系数 ψ_c	准永久值系数 ψ_q
7	通风机房、电梯机房	7.0	0.9	0.8
8	汽车通道及停车库： (1) 单向板楼盖（板跨不小于 2m） 客车 消防车 (2) 双向板楼盖和无梁楼盖（柱网尺寸不小于 6m） 客车 消防车	 4.0 35.0 2.5 20.0	 0.7 0.7 0.7 0.7	 0.6 0.6 0.6 0.6
9	(1) 一般厨房 (2) 餐厅厨房	2.0 4.0	0.7 0.7	0.5 0.7
10	浴室、厕所、盥洗室： (1) 第 1 项中的民用建筑 (2) 其他民用建筑	 2.0 2.5	 0.7 0.7	 0.4 0.5
11	走廊、门厅、楼梯： (1) 宿舍、旅馆医院病房、托儿所、幼儿园、住宅 (2) 办公楼、教室、餐厅、医院门诊室 (3) 消防疏散楼梯、其他民用建筑	 2.0 2.5 3.5	 0.7 0.7 0.7	 0.4 0.5 0.3
12	阳台： (1) 一般情况 (2) 当人群有可能密集时	 2.5 3.5	 0.7	 0.5

注 1. 本表所给活荷载适用于一般使用条件，当使用荷载较大或情况特殊时，应按实际情况选用。

2. 第 6 项书库活荷载当书架高度大于 2m 时，书库活荷载尚应按每米书架高度不小于 2.5kN/m² 确定。

3. 第 8 项中的客车活荷载只适用于停放载人少于 9 人的客车；消防车活荷载是适用于满载总重为 300kN 的大型车辆；当不符合本表的要求时，应将车轮的局部荷载按结构效应的等效原则，换算为等效均布荷载。

4. 第 11 项楼梯活荷载，对预制楼梯踏步平板，尚应按 1.5kN 集中荷载验算。

5. 本表各项荷载不包括隔墙自重和二次装修荷载。对固定隔墙的自重应按恒荷载考虑，当隔墙位置可灵活自由布置时，非固定隔墙的自重应取每延米长墙重（kN/m）的 1/3 作为楼面活荷载的附加值（kN/m²）计入，附加值不小于 1.0kN/m²。

附录三 混凝土强度标准值、设计值和弹性模量

混凝土强度标准值、设计值和弹性模量   单位：N/mm²

强度种类与弹性模量		C15	C20	C25	C30	C35	C40	C45	C50	C55	C60	C65	C70	C75	C80
强度标准值	轴心抗压 f_{ck}	10.0	13.4	16.7	20.1	23.4	26.8	29.6	32.4	35.5	38.5	41.5	44.5	47.4	50.2
	轴心抗拉 f_{tk}	1.27	1.54	1.78	2.01	2.20	2.39	2.51	2.64	2.74	2.85	2.93	2.99	3.05	3.11
强度设计值	轴心抗压 f_c	7.2	9.6	11.9	14.3	16.7	19.1	21.1	23.1	25.3	27.5	29.7	31.8	33.8	35.9
	轴心抗拉 f_t	0.91	1.10	1.27	1.43	1.57	1.71	1.80	1.89	1.96	2.04	2.09	2.14	2.18	2.22
弹性模量 $E_c/10^4$		2.20	2.55	2.80	3.00	3.15	3.25	3.35	3.45	3.55	3.60	3.65	3.70	3.75	3.80

附录四　热轧钢筋和预应力钢筋强度标准值、设计值和弹性模量

普通钢筋强度标准值、设计值和弹性模量　　　　　　　　　　单位：MPa

牌号	符号	公称直径 d/mm	弹性模量 $E_s/10^5$	强度标准值		强度设计值	
				屈服 f_{yk}	极限 f_{stk}	抗拉 f_y	抗压 f'_y
HPB235	Φ	6～20	2.10	235		210	210
HPB300	Φ	6～22	2.10	300	420	270	270
HRB335 HRBF335	Φ ΦF	6～50	2.00	335	455	300	300
HRB400 HRBF400 RRB400	Φ ΦF ΦR	6～50	2.00	400	540	360	360
HRB500 HRBF500	Φ ΦF	6～50	2.00	500	630	435	410

预应力筋的屈服强度标准值 f_{pyk}、极限强度标准值 f_{ptk}、抗拉强度设计值 f_{py}、抗压强度设计值 f'_{py} 和弹性模量应按下表采用。

预应力筋强度标准值、设计值和弹性模量　　　　　　　　　　单位：MPa

种类		符号	公称直径 D/mm	弹性模量 $E_s/10^5$	强度标准值		强度设计值	
					屈服 f_{pyk}	极限 f_{ptk}	抗拉 f_{py}	抗压 f'_{py}
中强度预应力钢丝	光面 螺旋肋	ΦPM ΦHM	5、7、9	2.05	620	800	510	410
					780	970	650	
					980	1270	810	
预应力螺纹钢筋	螺纹	ΦT	18、25、32、40、50	2.00	785	980	650	410
					930	1080	770	
					1080	1230	900	
消除应力钢丝	光面 螺旋肋	ΦP ΦH	5	2.05	—	1570	1110	410
					—	1860	1320	
			7	2.05	—	1570	1110	410
			9		—	1470	1040	
					—	1570	1110	
钢绞线	1×3 （三股）	ΦS	8.6、10.8、12.9	1.95	—	1570	1110	390
					—	1860	1320	
					—	1960	1390	
	1×7 （七股）		9.5、12.7、15.2、17.8		—	1720	1220	
					—	1860	1320	
					—	1960	1390	
			21.6		—	1860	1320	

注　1. 当极限强度标准值为1960MPa的钢绞线作后张预应力配筋时，应有可靠的工程经验。

2. 当预应力筋的强度标准值不符合表2-4的规定时，其强度设计值应进行相应的比例换算。

附录五　受弯构件的允许挠度值

受弯构件的挠度限值

构件类型		挠度限值
吊车梁	手动吊车	$l_0/500$
	电动吊车	$l_0/600$
屋盖、楼盖及楼梯构件	当 $l_0 < 7m$ 时	$l_0/200$（$l_0/250$）
	当 $7m \leqslant l_0 \leqslant 9m$ 时	$l_0/250$（$l_0/300$）
	当 $l_0 > 9m$ 时	$l_0/300$（$l_0/400$）

注　1. 表中 l_0 为构件的计算跨度。

2. 表中括号内的数值适用于使用上对挠度有较高要求的构件。

3. 如果构件制作时预先起拱，且使用上也允许，则在验算挠度时，可将计算所得的挠度值减去起拱值；对预应力混凝土构件，尚可减去预加力所产生的反拱值。

4. 计算悬臂构件的挠度限值时，其计算跨度 l_0 按实际悬臂长度的 2 倍取用。

附录六　结构构件最大裂缝宽度限值

结构构件的裂缝控制等级及最大裂缝宽度限值

环境类别	钢筋混凝土结构		预应力混凝土结构	
	裂缝控制等级	w_{lim}/mm	裂缝控制等级	w_{lim}/mm
一	三	0.3（0.4）	三	0.2
二	三	0.2	二	—
三	三	0.2	—	—

注　1. 表中的规定适用于采用热轧钢筋的钢筋混凝土构件和采用预应力钢丝、钢绞线及热处理钢筋的预应力混凝土构件；当采用其他类别的钢丝或钢筋时，其裂缝控制要求可按专门标准确定。

2. 对处于年平均相对湿度小于 60% 地区一类环境下的受弯构件，其最大裂缝宽度限值可采用括号内的数值。

3. 在一类环境下，对钢筋混凝土屋架，托架及需作疲劳验算的吊车梁，其最大裂缝宽度限值应取为 0.2mm；对钢筋混凝土屋面梁和托梁，其最大裂缝宽度限值应取为 0.3mm。

4. 在一类环境下，对预应力混凝土屋面梁、托梁、屋架、托架、屋面板和楼板，应按二级裂缝控制等级进行验算；在一类和二类环境下，对需作疲劳验算的预应力混凝土吊车梁，应按一级裂缝控制等级进行验算。

5. 表中规定的预应力混凝土构件的裂缝控制等级和最大裂缝宽度限值仅适用于正截面的验算；预应力混凝土构件的斜截面裂缝控制验算应符合《混凝土结构设计规范》(GB 50010—2010) 第 8 章的要求。

6. 对于烟囱、筒仓和处于液体压力下的结构构件，其裂缝控制要求应符合专门标准的有关规定。

7. 对于处于四、五类环境下的结构构件，其裂缝控制要求应符合专门标准的有关规定。

8. 表中的最大裂缝宽度限值用于验算荷载作用引起的最大裂缝宽度。

附录七 钢筋截面面积表

钢筋的计算截面面积及理论重量表

公称直径 /mm	不同根数钢筋的计算截面面积/mm²									单根钢筋理论 重量/(kg/m)
	1	2	3	4	5	6	7	8	9	
6	28.3	57	85	113	142	170	198	226	255	0.222
6.5	33.2	66	100	133	166	199	232	265	299	0.260
8	50.3	101	151	201	252	302	352	402	453	0.395
8.2	52.8	106	158	211	264	317	370	423	475	0.432
10	78.5	157	236	314	393	471	550	628	707	0.617
12	113.1	226	339	452	565	678	791	904	1017	0.888
14	153.9	308	461	615	769	923	1077	1231	1385	1.21
16	201.1	402	603	804	1005	1206	1407	1608	1809	1.58
18	254.5	509	763	1017	1272	1527	1781	2036	2290	2.00
20	314.2	628	942	1256	1570	1884	2199	2513	2827	2.47
22	380.1	760	1140	1520	1900	2281	2661	3041	3421	2.98
25	490.9	982	1473	1964	2454	2945	3436	3927	4418	3.85
28	615.8	1232	1847	2463	3079	3695	4310	4926	5542	4.83
32	804.2	1609	2413	3217	4021	4826	5630	6434	7238	6.31
36	1017.9	2036	3054	4072	5089	6107	7125	8143	9161	7.99
40	1256.6	2513	3770	5027	6283	7540	8796	10053	11310	9.87
50	1964	3928	5892	7856	9820	11784	13748	15712	17676	15.42

注 表中直径 $d = 8.2$mm 的计算截面面积及理论重量仅适用于有纵肋的热处理钢筋。

附录八 每米板宽内的钢筋截面面积

每米板宽内的钢筋截面面积

钢筋间距 /mm	当钢筋直径（mm）为下列数值时的钢筋截面面积/mm²													
	3	4	5	6	6/8	8	8/10	10	10/12	12	12/14	14	14/16	16
70	101	179	281	404	561	719	920	1121	1369	1616	1908	2199	2536	2872
75	94.3	167	262	377	524	671	859	1047	1277	1508	1780	2053	2367	2681
80	88.4	157	245	354	491	629	805	981	1198	1414	1669	1924	2218	2513
85	83.2	148	231	333	462	592	758	924	1127	1331	1571	1811	2088	2365

续表

钢筋间距 /mm	当钢筋直径（mm）为下列数值时的钢筋截面面积/mm²													
	3	4	5	6	6/8	8	8/10	10	10/12	12	12/14	14	14/16	16
90	78.5	140	218	314	437	559	716	872	1064	1257	1484	1710	1972	2234
95	74.5	132	207	298	414	529	678	826	1008	1190	1405	1620	1868	2116
100	70.6	126	196	283	393	503	644	785	958	1131	1335	1539	1775	2011
110	64.2	114	178	257	357	457	585	714	871	1028	1214	1399	1614	1828
120	58.9	105	163	236	327	419	537	654	798	942	1112	1283	1480	1676
125	56.5	100	157	226	314	402	515	628	766	905	1068	1232	1420	1608
130	54.4	96.6	151	218	302	387	495	604	737	870	1027	1184	1366	1547
140	50.5	89.7	140	202	281	359	460	561	684	808	954	1100	1268	1436
150	47.1	83.8	131	189	262	335	429	523	639	754	890	1026	1183	1340
160	44.1	78.5	123	177	246	314	403	491	599	707	834	962	1110	1257
170	41.5	73.9	115	166	231	296	379	462	564	665	786	906	1044	1183
180	39.2	69.8	109	157	218	279	358	436	532	628	742	855	985	1117
190	37.2	66.1	103	149	207	265	339	413	504	595	702	810	934	1058
200	35.3	62.8	98.2	141	196	251	322	393	479	565	607	770	888	1005
220	32.1	57.1	89.3	129	178	228	392	357	436	514	607	700	807	914
240	29.4	52.4	81.9	118	164	209	268	327	399	471	556	641	740	838
250	28.3	50.2	78.5	113	157	201	258	314	383	452	534	616	710	804
260	27.2	48.3	75.5	109	151	193	248	302	368	435	514	592	682	773
280	25.2	44.9	70.1	101	140	180	230	281	342	404	477	550	634	718
300	23.6	41.9	66.5	94	131	168	215	262	320	377	445	513	592	670
320	22.1	39.2	61.4	88	123	157	201	245	299	353	417	481	554	628

注　表中钢筋直径中的 6/8、8/10、…系指两种直径的钢筋间隔放置。

附录九　矩形和 T 形截面受弯构件正截面承载力计算系数 γ_s、α_s

矩形和 T 形截面受弯构件正截面承载力计算系数表

ξ	γ_s	α_s	ξ	γ_s	α_s
0.01	0.995	0.010	0.04	0.980	0.039
0.02	0.990	0.020	0.05	0.975	0.049
0.03	0.985	0.030	0.06	0.970	0.058

ξ	γ_s	α_s	ξ	γ_s	α_s
0.07	0.965	0.068	0.35	0.825	0.289
0.08	0.960	0.077	0.36	0.820	0.295
0.09	0.955	0.086	0.37	0.815	0.302
0.10	0.950	0.095	0.38	0.810	0.308
0.11	0.945	0.104	0.39	0.805	0.314
0.12	0.940	0.113	0.40	0.800	0.320
0.13	0.935	0.122	0.41	0.795	0.326
0.14	0.930	0.130	0.42	0.790	0.332
0.15	0.925	0.139	0.43	0.785	0.338
0.16	0.920	0.147	0.44	0.780	0.343
0.17	0.915	0.156	0.45	0.775	0.349
0.18	0.910	0.164	0.46	0.770	0.354
0.19	0.905	0.172	0.47	0.765	0.360
0.20	0.900	0.180	0.48	0.760	0.365
0.21	0.895	0.188	0.49	0.755	0.370
0.22	0.890	0.196	0.50	0.750	0.375
0.23	0.885	0.204	0.51	0.745	0.380
0.24	0.880	0.211	0.518	0.741	0.384
0.25	0.875	0.219	0.52	0.740	0.385
0.26	0.870	0.226	0.53	0.735	0.390
0.27	0.865	0.234	0.54	0.730	0.394
0.28	0.860	0.241	0.55	0.725	0.399
0.29	0.855	0.248	0.56	0.720	0.403
0.30	0.850	0.255	0.57	0.715	0.408
0.31	0.845	0.262	0.58	0.710	0.412
0.32	0.840	0.269	0.59	0.705	0.416
0.33	0.835	0.276	0.60	0.700	0.420
0.34	0.830	0.282	0.614	0.693	0.426

注　当混凝土强度等级为 C50 以下时，表中 $\xi_b = 0.614$、0.55、0.518 分别为 HPB235、HRB335、HRB400 和 RRB400 钢筋的界限相对受压区高度。

附录十　等跨连续梁的内力计算系数表

均布荷载和集中荷载作用下等跨连续梁的内力系数

均布荷载：

$$M = Kql_0^2 \qquad V = K_1 ql_0$$

集中荷载：

$$M = kFl_0 \qquad V = K_1 F$$

式中　q——单位长度上的均布荷载；

　　　F——集中荷载；

K, K_1——内力系数，由表中相应栏内查得。

(1) 两 跨 梁

序号	荷 载 简 图	跨内最大弯矩		支座弯矩	横 向 剪 力			
		M_1	M_2	M_B	V_A	$V_{B左}$	$V_{B右}$	V_C
1		0.070	0.070	−0.125	0.375	−0.625	0.625	−0.375
2		0.096	−0.025	−0.063	0.437	−0.563	0.063	0.063
3		0.156	0.156	−0.188	0.312	−0.688	0.688	−0.312
4		0.203	−0.047	−0.094	0.406	−0.594	0.094	0.094
5		0.222	0.222	−0.333	0.667	−1.334	1.334	−0.667
6		0.278	−0.056	−0.167	0.833	−0.167	0.167	0.167

(2) 三 跨 梁

序号	荷载简图	跨内最大弯矩		支座弯矩		横 向 剪 力					
		M_1	M_2	M_B	M_C	V_A	$V_{B左}$	$V_{B右}$	$V_{C左}$	$V_{C右}$	V_D
1		0.080	0.025	−0.100	0.100	0.400	−0.600	0.500	−0.500	0.600	−0.400

187

续表

序号	荷载简图	跨内最大弯矩		支座弯矩		横 向 剪 力					
		M_1	M_2	M_B	M_C	V_A	$V_{B左}$	$V_{B右}$	$V_{C左}$	$V_{C右}$	V_D
2		0.101	−0.050	−0.050	−0.050	0.450	−0.550	0.000	0.000	0.550	−0.450
3		−0.025	0.075	−0.050	−0.050	−0.050	−0.050	0.500	−0.500	0.050	0.050
4		0.073	0.054	−0.117	−0.033	0.383	−0.617	0.583	−0.417	0.033	0.033
5		0.094	—	−0.067	0.017	0.433	−0.567	0.083	0.083	−0.017	−0.017
6		0.175	0.100	−0.150	−0.150	0.350	−0.650	0.500	−0.500	0.650	−0.350
7		0.213	−0.075	−0.075	−0.075	0.425	−0.575	0.000	0.000	0.575	−0.425
8		−0.038	0.175	−0.075	−0.075	−0.075	−0.075	0.500	−0.500	0.075	0.075
9		0.162	0.137	−0.175	−0.050	0.325	−0.675	0.625	−0.375	0.050	0.050
10		0.200	—	−0.100	0.025	0.400	−0.600	0.125	0.125	−0.025	−0.025
11		0.244	0.067	−0.267	0.267	0.733	−1.267	1.000	−1.000	1.267	−0.733
12		0.289	−0.133	0.133	0.133	0.866	−1.134	0.000	0.000	1.134	−0.866
13		−0.044	0.200	−0.133	−0.133	−0.133	−0.133	1.000	−1.000	0.133	0.133
14		0.229	0.170	−0.133	−0.089	0.689	1.311	1.222	−0.778	0.089	0.089
15		0.274		0.178	0.044	0.822	−1.178	0.222	0.222	−0.044	−0.044

188

（3）四　跨　梁

序号	荷载简图	跨内最大弯矩				支座弯矩			横 向 剪 力							
		M_1	M_2	M_3	M_4	M_B	M_C	M_D	V_A	$V_{B左}$	$V_{B右}$	$V_{C左}$	$V_{C右}$	$V_{D左}$	$V_{D右}$	V_E
1	满跨均布荷载（ABCDE）	0.077	0.036	0.036	0.077	−0.107	−0.071	−0.107	0.393	−0.607	0.536	−0.464	0.464	−0.536	0.607	−0.393
2		0.100	−0.045	0.081	−0.023	−0.054	−0.036	−0.054	0.446	−0.554	0.018	0.018	0.482	−0.518	0.054	0.054
3		0.072	0.061	—	0.098	−0.121	−0.018	−0.058	0.380	−0.620	0.603	−0.397	−0.040	−0.040	0.558	−0.442
4		—	0.056	0.056	—	−0.036	−0.107	−0.036	−0.036	−0.036	0.429	−0.571	0.571	−0.429	0.036	0.036
5		0.094	—	—	—	−0.067	0.018	−0.004	0.433	−0.567	0.085	0.085	−0.022	−0.022	0.004	0.004
6		—	0.071	—	—	−0.049	−0.054	0.013	−0.049	−0.049	0.496	−0.504	0.067	0.067	−0.013	−0.013
7		0.169	0.116	0.116	0.169	−0.161	−0.107	−0.161	0.339	−0.661	0.553	−0.446	0.446	−0.554	0.661	−0.339
8		0.210	−0.067	0.183	−0.040	−0.080	−0.054	−0.080	0.420	−0.580	0.027	0.027	0.473	−0.527	0.080	0.080
9		0.159	0.146	—	0.206	−0.181	−0.027	−0.087	0.319	−0.681	0.654	−0.346	−0.060	−0.060	0.587	−0.413

续表

序号	荷载简图	跨内最大弯矩				支座弯矩			横向剪力							
		M_1	M_2	M_3	M_4	M_B	M_C	M_D	V_A	$V_{B左}$	$V_{B右}$	$V_{C左}$	$V_{C右}$	$V_{D左}$	$V_{D右}$	V_E
10		—	0.142	0.142	—	−0.054	−0.161	−0.054	0.054	−0.054	0.393	−0.607	0.607	−0.393	0.054	0.054
11		0.202	—	—	—	−0.100	0.027	−0.007	0.400	−0.600	0.127	0.127	−0.033	−0.033	0.007	0.007
12		—	0.173	—	—	−0.074	−0.080	0.020	−0.074	−0.074	0.493	−0.507	0.100	0.100	−0.020	−0.020
13		0.238	0.111	0.111	0.238	−0.286	−0.191	−0.286	0.714	−1.286	1.095	−0.905	0.905	−1.095	1.286	−0.714
14		0.286	−0.111	0.222	−0.048	−0.143	−0.095	−0.143	0.875	−1.143	0.048	0.048	0.952	−1.048	0.143	0.143
15		0.226	0.194	—	0.282	−0.321	−0.048	−0.155	0.679	−1.321	1.274	−0.726	−0.107	−0.107	1.155	−0.845
16		—	0.175	0.175	—	−0.095	−0.286	−0.095	−0.095	−0.095	0.810	−1.190	1.190	−0.810	0.095	0.095
17		0.274	—	—	—	−0.178	0.048	−0.012	0.822	−1.178	0.226	0.226	−0.060	−0.060	0.012	0.012
18		—	0.198	—	—	−0.131	−0.143	0.036	−0.131	−0.131	0.988	−1.012	0.178	0.178	−0.036	−0.036

（4）五　跨　梁

序号	荷载简图	跨内最大弯矩			支座弯矩				横　向　剪　力									
		M_1	M_2	M_3	M_B	M_C	M_D	M_E	V_A	$V_{B左}$	$V_{B右}$	$V_{C左}$	$V_{C右}$	$V_{D左}$	$V_{D右}$	$V_{E左}$	$V_{E右}$	V_F
1		0.0781	0.0331	0.0462	-0.105	-0.079	-0.079	-0.105	0.394	-0.606	0.526	-0.474	0.500	-0.500	0.474	-0.526	0.606	-0.394
2		0.1000	-0.0461	0.0855	-0.053	-0.040	-0.040	-0.053	0.447	-0.553	0.013	0.013	0.500	0.500	-0.013	0.013	0.553	0.447
3		-0.0263	0.0787	-0.0395	-0.053	-0.040	-0.040	-0.053	-0.053	-0.053	0.513	-0.487	0.000	0.000	0.487	-0.513	0.053	0.053
4		0.073	0.059	—	-0.119	-0.022	-0.044	-0.051	0.380	-0.620	0.598	-0.402	-0.023	-0.023	0.493	-0.507	0.052	0.052
5		—	0.055	—	-0.035	-0.011	-0.020	-0.057	-0.035	-0.035	0.424	-0.576	0.591	-0.049	-0.037	-0.037	0.557	-0.443
6		0.094	—	0.064	-0.067	0.018	-0.005	0.001	0.433	-0.567	0.085	0.085	-0.023	-0.023	0.006	0.006	-0.001	-0.001
7		—	0.074	—	-0.049	-0.054	-0.014	-0.004	-0.049	-0.049	0.495	-0.505	0.068	0.068	-0.018	-0.018	0.004	0.004
8		—	—	0.072	0.013	-0.053	-0.053	0.013	0.013	0.013	-0.066	-0.066	0.500	-0.500	0.066	0.066	-0.013	-0.013

续表

序号	荷载简图	跨内最大弯矩			支座弯矩				横 向 剪 力									
		M_1	M_2	M_3	M_B	M_C	M_D	M_E	V_A	$V_{B左}$	$V_{B右}$	$V_{C左}$	$V_{C右}$	$V_{D左}$	$V_{D右}$	$V_{E左}$	$V_{E右}$	V_F
9		0.171	0.112	0.132	0.158	-0.118	-0.118	-0.158	0.342	-0.68	0.540	-0.460	0.500	-0.500	0.460	-0.540	0.658	-0.342
10		0.211	0.069	0.191	0.079	0.059	0.059	0.079	0.421	-0.579	0.020	0.020	0.500	-0.500	-0.020	-0.020	0.579	-0.421
11		0.039	0.181	0.059	0.079	0.059	0.059	0.079	-0.079	-0.079	0.520	-0.480	0.000	0.000	0.480	-0.520	0.079	0.079
12		0.160	0.144		0.179	0.032	0.066	0.077	0.321	0.679	0.647	0.353	0.034	0.034	0.489	-0.511	0.077	0.077
13			0.140	0.154	0.052	0.167	0.031	0.086	0.052	0.052	0.385	0.615	0.637	0.363	0.056	-0.056	0.586	-0.414
14		0.200	—	—	-0.100	0.027	0.007	0.002	0.400	-0.600	0.127	0.127	-0.034	-0.034	0.009	0.009	-0.002	-0.002
15		—	0.173	—	-0.073	-0.081	0.022	-0.005	-0.073	-0.073	0.493	-0.507	0.102	0.102	-0.027	-0.027	0.005	0.005
16		—	—	0.171	0.020	-0.079	-0.079	0.020	0.020	0.020	-0.099	-0.099	0.500	-0.500	0.099	0.099	-0.020	-0.020

续表

序号	荷载简图	跨内最大弯矩			支座弯矩				横　向　剪　力									
		M_1	M_2	M_3	M_B	M_C	M_D	M_E	V_A	$V_{B左}$	$V_{B右}$	$V_{C左}$	$V_{C右}$	$V_{D左}$	$V_{D右}$	$V_{E左}$	$V_{E右}$	V_F
17		0.240	0.100	0.122	-0.281	-0.211	-0.211	-0.281	0.719	-1.281	1.070	-0.930	1.000	-1.000	0.930	-1.070	1.281	-0.719
18		0.287	-0.117	0.228	-0.140	-0.105	-0.105	-0.140	0.860	-1.140	0.035	0.035	1.000	-1.000	-0.035	-0.035	1.140	-0.860
19		-0.047	-0.216	-0.105	-0.140	-0.105	-0.105	-0.140	-0.140	-0.140	1.035	-0.965	0.000	0.000	0.965	-1.035	0.140	0.140
20		0.227	0.189	—	-0.319	-0.057	-0.118	-0.137	0.681	-1.319	1.262	-0.738	-0.061	-0.061	0.981	-1.019	0.137	0.137
21		—	0.172	0.198	-0.093	-0.297	-0.054	-0.153	-0.093	-0.093	0.796	1.204	1.243	0.757	0.099	0.099	1.155	-0.847
22		0.274	—	—	-0.179	0.048	-0.013	0.003	0.821	-1.179	0.227	0.227	-0.061	-0.061	0.016	0.016	-0.003	-0.003
23		—	0.198	—	-0.131	-0.144	0.038	-0.010	-0.131	-0.131	0.987	-1.031	0.182	0.182	-0.048	-0.048	0.010	0.010
24		—	—	0.193	0.035	-0.140	-0.140	0.035	0.035	0.035	-0.175	-0.175	1.000	-1.000	0.175	0.175	-0.035	-0.035

附录十一　各类砌体的抗压强度

砖砌体的抗压强度标准值 f_k　　　　　　　　单位：N/mm²

砖强度等级	砖浆强度等级					砂浆强度
	M15	M10	M7.5	M5	M2.5	0
MU30	6.30	5.23	4.69	4.15	3.61	1.84
MU25	5.75	4.77	4.28	3.79	3.30	1.68
MU20	5.15	4.27	3.83	3.39	2.95	1.50
MU15	4.46	3.70	3.32	2.94	2.56	1.30
MU10	3.64	3.02	2.71	2.40	2.09	1.07

混凝土砌块砌体的抗压强度标准值 f_k　　　　　单位：N/mm²

砌块强度等级	砂浆强度等级				砂浆强度
	M15	M10	M7.5	M5	0
MU20	9.08	7.93	7.11	6.30	3.73
MU15	7.38	6.44	5.78	5.12	3.03
MU10	—	4.47	4.01	3.55	2.10
MU7.5	—	—	3.10	2.74	1.62
MU5	—	—	—	1.90	1.13

毛料石砌体的抗压强度标准值 f_k　　　　　　　单位：N/mm²

料石强度等级	砂浆强度等级			砂浆强度
	M7.5	M5	M2.5	0
MU100	8.67	7.68	6.68	3.41
MU80	7.76	6.87	5.98	3.05
MU60	6.72	5.95	5.18	2.64
MU50	6.13	5.43	4.72	2.41
MU40	5.49	4.86	4.23	2.16
MU30	4.75	4.20	3.66	1.87
MU20	3.88	3.43	2.99	1.53

毛石砌体的抗压强度标准值 f_k 　　　　　　　单位：N/mm²

毛石强度等级	砖浆强度等级			砂浆强度
	M7.5	M5	M2.5	0
MU100	2.03	1.80	1.56	0.53
MU80	1.82	1.61	1.40	0.48
MU60	1.57	1.39	1.21	0.41
MU50	1.44	1.27	1.11	0.38
MU40	1.28	1.14	0.99	0.34
MU30	1.11	0.98	0.86	0.29
MU20	0.91	0.80	0.70	0.24

沿砌体灰缝截面破坏时的轴心抗拉强度标准值 $f_{t,k}$ 弯曲抗拉
强度标准值 $f_{tm,k}$ 和抗剪强度标准值 $f_{v,k}$ 　　　　单位：N/mm²

强度类别	破坏特征	砌体种类	砂浆强度等级			
			≥M10	M7.5	M5	M2.5
轴心抗拉	沿齿缝	烧结普通砖、烧结多孔砖	0.30	0.26	0.21	0.15
		蒸压灰砂砖、蒸压粉煤灰砖	0.19	0.16	0.13	—
		混凝土砌块	0.15	0.13	0.10	—
		毛石	0.14	0.12	0.10	0.07
弯曲抗拉	沿齿缝	烧结普通砖、烧结多孔砖	0.53	0.46	0.38	0.27
		蒸压灰砂砖、蒸压粉煤灰砖	0.38	0.32	0.26	—
		混凝土砌块	0.17	0.15	0.12	—
		毛石	0.20	0.18	0.14	0.10
	沿通缝	烧结普通砖、烧结多孔砖	0.27	0.23	0.19	0.13
		蒸压灰砂砖、蒸压粉煤灰砖	0.19	0.16	0.13	—
		混凝土砌块	0.12	0.10	0.08	—
抗剪		烧结普通砖、烧结多孔砖	0.27	0.23	0.19	0.13
		蒸压灰砂砖、蒸压粉煤灰砖	0.19	0.16	0.13	—
		混凝土砌块	0.15	0.13	0.10	—
		毛石	0.34	0.29	0.24	0.17

附录十二 各种砌体的强度设计值

烧结普通砖和烧结多孔砖砌体的抗压强度设计值　　　　单位：N/mm²

砖强度等级	砖浆强度等级					砂浆强度
	M15	M10	M7.5	M5	M2.5	0
MU30	3.94	3.27	2.93	2.59	2.26	1.15
MU25	3.60	2.98	2.68	2.37	2.06	1.05
MU20	3.22	2.67	2.39	2.12	1.84	0.94
MU15	2.79	2.31	2.07	1.83	1.60	0.82
MU10	—	1.89	1.69	1.50	1.30	0.67

蒸压灰砂砖和蒸压粉煤灰砖砌体的抗压强度设计值　　　　单位：N/mm²

砖强度等级	砖浆强度等级				砂浆强度
	M15	M10	M7.5	M5	0
MU25	3.60	2.98	2.68	2.37	1.05
MU20	3.22	2.67	2.39	2.12	0.94
MU15	2.79	2.31	2.07	1.83	0.82
MU10	—	1.89	1.69	1.50	0.67

单排孔混凝土和轻骨料混凝土砌块砌体的抗压强度设计值　　　　单位：N/mm²

砖强度等级	砖浆强度等级				砂浆强度
	Mb15	Mb10	Mb7.5	Mb5	0
MU20	5.68	4.95	4.44	3.94	2.33
MU15	4.61	4.02	3.61	3.20	1.89
MU10	—	2.79	2.50	2.22	1.31
MU7.5	—	—	1.93	1.71	1.01
MU5	—	—	—	1.19	0.70

注　1. 对错孔砌筑的砌体，应按表中数值乘以 0.8；
　　2. 对独立柱或厚度为双排组砌的砌体砌体，应按表中数值乘以 0.7；
　　3. 对 T 形截面砌体，因按表中数值乘以 0.85；
　　4. 表中轻骨料混凝土砌块为煤矸石和水泥煤渣混凝土砌块。

轻骨料混凝土砌块砌体的抗压强度设计值　　　　单位：N/mm²

砌块强度等级	砖浆强度等级			砂浆强度
	Mb10	Mb7.5	Mb5	0
MU10	3.08	2.76	2.45	1.44
MU7.5	—	2.13	1.88	1.12
MU5	—	—	1.31	0.78

注　1. 表中的砌块为火山渣、浮石和陶料轻骨料混凝土砌块；
　　2. 对厚度方向为双排组砌的轻骨料混凝土砌块砌体的抗压强度设计值，按表中数值乘以 0.8。

毛料石砌体的抗压强度设计值

单位：N/mm²

毛料石强度等级	砖浆强度等级			砂浆强度
	M7.5	M5	M2.5	0
MU100	5.42	4.80	4.18	2.13
MU80	4.85	4.29	3.73	1.91
MU60	4.20	3.71	3.23	1.65
MU50	3.83	3.39	2.95	1.51
MU40	3.43	3.04	2.64	1.35
MU30	2.97	2.63	2.29	1.17
MU20	2.42	2.15	1.87	0.95

注　对下列各类料石砌体，应按表中数值分别乘以系数：

细料石砌体　　　　1.5
半细料石砌体　　　1.3
粗料石砌体　　　　1.2
干砌勾缝石砌体　　0.8

毛石砌体的抗压强度设计值

单位：N/mm²

毛石强度等级	砖浆强度等级			砂浆强度
	M7.5	M5	M2.5	0
MU100	1.27	1.12	0.98	0.34
MU80	1.13	1.00	0.87	0.30
MU60	0.98	0.87	0.76	0.26
MU50	0.90	0.80	0.69	0.23
MU40	0.80	0.71	0.62	0.21
MU30	0.69	0.61	0.53	0.18
MU20	0.56	0.51	0.44	0.15

附录十三　受压砌体承载力影响系数 φ

影响系数 φ（砂浆强度等级≥M5）

β	$\frac{e}{h}$或$\frac{e}{h_T}$						
	0	0.025	0.05	0.075	0.1	0.125	0.15
≤3	1	0.99	0.97	0.94	0.89	0.84	0.79
4	0.98	0.95	0.90	0.85	0.80	0.74	0.69
6	0.95	0.91	0.86	0.81	0.75	0.69	0.64
8	0.91	0.86	0.81	0.76	0.70	0.64	0.59

续表

β	$\dfrac{e}{h}$或$\dfrac{e}{h_T}$						
	0	0.025	0.05	0.075	0.1	0.125	0.15
10	0.87	0.82	0.76	0.71	0.65	0.60	0.55
12	0.82	0.77	0.71	0.66	0.60	0.55	0.51
14	0.77	0.72	0.66	0.61	0.56	0.51	0.47
16	0.72	0.67	0.61	0.56	0.52	0.47	0.44
18	0.67	0.62	0.57	0.52	0.48	0.44	0.40
20	0.62	0.57	0.53	0.48	0.44	0.40	0.37
22	0.58	0.53	0.49	0.45	0.41	0.38	0.35
24	0.54	0.49	0.45	0.41	0.38	0.35	0.32
26	0.50	0.46	0.42	0.38	0.35	0.33	0.30
28	0.46	0.42	0.39	0.36	0.33	0.30	0.28
30	0.42	0.39	0.36	0.33	0.31	0.28	0.26

β	$\dfrac{e}{h}$或$\dfrac{e}{h_T}$					
	0.175	0.2	0.225	0.25	0.275	0.3
≤3	0.73	0.68	0.62	0.57	0.52	0.48
4	0.64	0.58	0.53	0.49	0.45	0.41
6	0.59	0.54	0.49	0.45	0.42	0.38
8	0.54	0.50	0.46	0.42	0.39	0.36
10	0.50	0.46	0.42	0.39	0.36	0.33
12	0.47	0.43	0.39	0.36	0.33	0.31
14	0.43	0.40	0.36	0.34	0.31	0.29
16	0.40	0.37	0.34	0.31	0.29	0.27
18	0.37	0.34	0.31	0.29	0.27	0.25
20	0.34	0.32	0.29	0.27	0.25	0.23
22	0.32	0.30	0.27	0.25	0.24	0.22
24	0.30	0.28	0.26	0.24	0.22	0.21
26	0.28	0.26	0.24	0.22	0.21	0.19
28	0.26	0.24	0.22	0.21	0.19	0.18
30	0.24	0.22	0.21	0.20	0.18	0.17

影响系数 φ（砂浆强度等级≥M2.5）

β	$\frac{e}{h}$ 或 $\frac{e}{h_T}$						
	0	0.025	0.05	0.075	0.1	0.125	0.15
≤3	1	0.99	0.97	0.94	0.89	0.84	0.79
4	0.97	0.94	0.89	0.84	0.78	0.73	0.67
6	0.93	0.89	0.84	0.78	0.73	0.67	0.62
8	0.89	0.84	0.78	0.72	0.67	0.62	0.57
10	0.83	0.78	0.72	0.67	0.61	0.56	0.52
12	0.78	0.72	0.67	0.61	0.56	0.52	0.47
14	0.72	0.66	0.61	0.56	0.51	0.47	0.43
16	0.66	0.61	0.56	0.51	0.47	0.43	0.40
18	0.61	0.56	0.51	0.47	0.43	0.40	0.36
20	0.56	0.51	0.47	0.43	0.39	0.36	0.33
22	0.51	0.47	0.43	0.39	0.36	0.33	0.31
24	0.46	0.43	0.39	0.36	0.33	0.31	0.28
26	0.42	0.39	0.36	0.33	0.31	0.28	0.26
28	0.39	0.36	0.33	0.30	0.28	0.26	0.24
30	0.36	0.33	0.30	0.28	0.26	0.24	0.22

β	$\frac{e}{h}$ 或 $\frac{e}{h_T}$					
	0.175	0.2	0.225	0.25	0.275	0.3
≤3	0.73	0.68	0.62	0.57	0.52	0.48
4	0.62	0.57	0.52	0.48	0.44	0.40
6	0.57	0.52	0.48	0.44	0.40	0.37
8	0.52	0.48	0.44	0.40	0.37	0.34
10	0.47	0.43	0.40	0.37	0.34	0.31
12	0.43	0.40	0.37	0.34	0.31	0.29
14	0.40	0.36	0.34	0.31	0.29	0.27
16	0.36	0.34	0.31	0.29	0.26	0.25
18	0.33	0.31	0.29	0.26	0.24	0.23
20	0.31	0.28	0.26	0.24	0.23	0.21
22	0.28	0.26	0.24	0.23	0.21	0.20
24	0.26	0.24	0.23	0.21	0.20	0.18
26	0.24	0.22	0.21	0.20	0.18	0.17
28	0.22	0.21	0.20	0.18	0.17	0.16
30	0.21	0.20	0.18	0.17	0.16	0.15

影响系数 φ（砂浆强度 0）

β	$\frac{e}{h}$ 或 $\frac{e}{h_T}$						
	0	0.025	0.05	0.075	0.1	0.125	0.15
≤3	1	0.99	0.97	0.94	0.89	0.84	0.79
4	0.87	0.82	0.77	0.71	0.66	0.60	0.55
6	0.76	0.70	0.65	0.59	0.54	0.50	0.46
8	0.63	0.58	0.54	0.49	0.45	0.41	0.38
10	0.53	0.48	0.44	0.41	0.37	0.34	0.32
12	0.44	0.40	0.37	0.34	0.31	0.29	0.27
14	0.36	0.33	0.31	0.28	0.26	0.24	0.23
16	0.30	0.28	0.26	0.24	0.22	0.21	0.19
18	0.26	0.24	0.22	0.21	0.19	0.18	0.17
20	0.22	0.20	0.19	0.18	0.17	0.16	0.15
22	0.19	0.18	0.16	0.15	0.14	0.14	0.13
24	0.16	0.15	0.14	0.13	0.13	0.12	0.11
26	0.14	0.13	0.13	0.12	0.11	0.11	0.10
28	0.12	0.12	0.11	0.11	0.10	0.10	0.09
30	0.11	0.10	0.10	0.09	0.09	0.09	0.08

β	$\frac{e}{h}$ 或 $\frac{e}{h_T}$					
	0.175	0.2	0.225	0.25	0.275	0.3
≤3	0.73	0.68	0.62	0.57	0.52	0.48
4	0.51	0.46	0.43	0.39	0.36	0.33
6	0.42	0.39	0.36	0.33	0.30	0.28
8	0.35	0.32	0.30	0.28	0.25	0.24
10	0.29	0.27	0.25	0.23	0.22	0.20
12	0.25	0.23	0.21	0.20	0.19	0.17
14	0.21	0.20	0.18	0.17	0.16	0.15
16	0.18	0.17	0.16	0.15	0.14	0.13
18	0.16	0.15	0.14	0.13	0.12	0.12
20	0.14	0.13	0.12	0.12	0.11	0.10
22	0.12	0.12	0.11	0.10	0.10	0.09
24	0.11	0.10	0.10	0.09	0.09	0.08
26	0.10	0.09	0.09	0.08	0.08	0.07
28	0.09	0.08	0.08	0.08	0.07	0.07
30	0.08	0.07	0.07	0.07	0.07	0.06

附录十四 弯矩系数表

按弹性理论计算矩形双向板在均布荷载作用下的弯矩系数表

1. 符号说明

M_x，$M_{x,\max}$——平行于 l_x 方向板中心点弯矩和板跨内的最大弯矩；

M_y，$M_{y,\max}$——平行于 l_y 方向板中心点弯矩和板跨内的最大弯矩；

M_x^0——固定边中点沿 l_x 方向的弯矩；

M_y^0——固定边中点沿 l_y 方向的弯矩；

M_{0x}——平行于 l_x 方向自由边的中点弯矩；

M_{0x}^0——平行于 l_x 方向自由边上固定端的支座弯矩。

/////////	- - - - - - -	————
代表固定边	代表简支边	代表自由边

2. 计算公式

$$弯矩＝表中系数×ql_x^2$$

式中　q——作用在双向板上的均布荷载；

　　　l_x——板跨，见表中插图所示。

　　表中弯矩系数均为单位板宽的弯矩系数。表中系数为泊松比 $\upsilon=1/6$ 时求得的，适用于钢筋混凝土板。表中系数是根据 1975 年版《建筑结构静力计算手册》中 $\upsilon=0$ 的弯矩系数表，通过换算公式 $M_x^{(\upsilon)}=M_x^{(0)}+\upsilon M_y^{(0)}$ 及 $M_y^{(\upsilon)}=M_y^{(0)}+\upsilon M_x^{(0)}$ 得出的。表中 $M_{x,\max}$ 及 $M_{y,\max}$ 也按上列换算公式求得，但由于板内两个方向的跨内最大弯矩一般并不在同一点，因此，由上式求得的 $M_{x,\max}$ 及 $M_{y,\max}$ 仅为比实际弯矩偏大的近似值。

(1)

边界条件	(1) 四边简支		(2) 三边简支、一边固定									
l_x/l_y	M_x	M_y	M_x	$M_{x,\max}$	M_y	$M_{y,\max}$	M_y^0	M_x	$M_{x,\max}$	M_y	$M_{y,\max}$	M_x^0
0.50	0.0994	0.0335	0.0914	0.0930	0.0352	0.0397	−0.1215	0.0593	0.0657	0.0157	0.0171	−0.1212
0.55	0.0927	0.0359	0.0832	0.0846	0.0371	0.0405	−0.1193	0.0577	0.0633	0.0175	0.0190	−0.1187
0.60	0.0860	0.0379	0.0752	0.0765	0.0386	0.0409	−0.1160	0.0556	0.0608	0.0194	0.0209	−0.1158
0.65	0.0795	0.0396	0.0676	0.0688	0.0396	0.0412	−0.1133	0.0534	0.0581	0.0212	0.0226	−0.1124
0.70	0.0732	0.0410	0.0604	0.0616	0.0400	0.0417	−0.1096	0.0510	0.0555	0.0229	0.0242	−0.1087
0.75	0.0673	0.0420	0.0538	0.0519	0.0400	0.0417	−0.1056	0.0485	0.0525	0.0244	0.0257	−0.1048
0.80	0.0617	0.0428	0.0478	0.0490	0.0397	0.0415	−0.1014	0.0459	0.0495	0.0258	0.0270	−0.1007
0.85	0.0564	0.0432	0.0425	0.0436	0.0391	0.0410	−0.0970	0.0434	0.0466	0.0271	0.0283	−0.0965
0.90	0.0516	0.0434	0.0377	0.0388	0.0382	0.0402	−0.0926	0.0409	0.0438	0.0281	0.0293	−0.0922
0.95	0.0471	0.0432	0.0334	0.0345	0.0371	0.0393	−0.0882	0.0384	0.0409	0.0290	0.0301	−0.0880
1.00	0.0429	0.0429	0.0296	0.0306	0.0360	0.0388	−0.0839	0.0360	0.0388	0.0296	0.0306	−0.0839

边界条件	（3）两对边简支、两对边固定						（4）两邻边简支、两邻边固定					
l_x/l_y	M_x	M_y	M_y^0	M_x	M_y	M_x^0	M_x	$M_{x,max}$	M_y	$M_{y,max}$	M_x^0	M_y^0
0.50	0.0837	0.0367	−0.1191	0.0419	0.0086	−0.0843	0.0572	0.0584	0.0172	0.0229	−0.1179	−0.0786
0.55	0.0743	0.0383	−0.1156	0.0415	0.0096	−0.0840	0.0546	0.0556	0.0192	0.0241	−0.1140	−0.0785
0.60	0.0653	0.0393	−0.1114	0.0409	0.0109	−0.0834	0.0518	0.0526	0.0212	0.0252	−0.1095	−0.0782
0.65	0.0569	0.0394	−0.1066	0.0402	0.0122	−0.0826	0.0486	0.0496	0.0228	0.0261	−0.1045	−0.0777
0.70	0.0494	0.0392	−0.1031	0.0391	0.0135	−0.0814	0.0455	0.0465	0.0243	0.0267	−0.0992	−0.0770
0.75	0.0428	0.0383	−0.0959	0.0381	0.0149	−0.0799	0.0422	0.0430	0.0254	0.0272	−0.0938	−0.0760
0.80	0.0369	0.0372	−0.0904	0.0368	0.0162	−0.0782	0.0390	0.0397	0.0263	0.0278	−0.0883	−0.0748
0.85	0.0318	0.0358	−0.0850	0.0355	0.0174	−0.0763	0.0358	0.0366	0.0269	0.0284	−0.0829	−0.0733
0.90	0.0275	0.0343	−0.0767	0.0341	0.0186	−0.0743	0.0328	0.0337	0.0273	0.0288	−0.0776	−0.0716
0.95	0.0238	0.0328	−0.0746	0.0326	0.0196	−0.0721	0.0299	0.0308	0.0273	0.0289	−0.0726	−0.0698
1.00	0.0206	0.0311	−0.0698	0.0311	0.0206	−0.0698	0.0273	0.0281	0.0273	0.0289	−0.0677	−0.0677

边界条件	（5）一边简支、三边固定					
l_x/l_y	M_x	$M_{x,max}$	M_y	$M_{y,max}$	M_x^0	M_y^0
0.50	0.0413	0.0424	0.0096	0.0157	−0.0836	−0.0569
0.55	0.0405	0.0415	0.0108	0.0160	−0.0827	−0.0570
0.60	0.0394	0.0404	0.0123	0.0169	−0.0814	−0.0571
0.65	0.0381	0.0390	0.0137	0.0178	−0.0796	−0.0572
0.70	0.0366	0.0375	0.0151	0.0186	−0.0774	−0.0572
0.75	0.0349	0.0358	0.0164	0.0193	−0.0750	−0.0572
0.80	0.0331	0.0339	0.0176	0.0199	−0.0722	−0.0570
0.85	0.0312	0.0319	0.0186	0.0204	−0.0693	−0.0567
0.90	0.0295	0.0300	0.0201	0.0209	−0.0663	−0.0563
0.95	0.0274	0.0281	0.0204	0.0214	−0.0631	−0.0558
1.00	0.0255	0.0261	0.0206	0.0219	−0.0600	−0.0500

续表

边界条件	(5) 一边简支、三边固定						(6) 四边固定			
l_x/l_y	M_x	$M_{x,max}$	M_y	$M_{y,max}$	M_y^0	M_x^0	M_x	M_y	M_x^0	M_y^0
0.50	0.0551	0.0605	0.0188	0.0201	−0.0784	−0.1146	0.0406	0.0105	−0.0829	−0.0570
0.55	0.0517	0.0563	0.0210	0.0223	−0.0780	−0.1093	0.0394	0.0120	−0.0814	−0.0571
0.60	0.0480	0.0520	0.0229	0.0242	−0.0773	−0.1033	0.0380	0.0137	−0.0793	−0.0571
0.65	0.0441	0.0476	0.0244	0.0256	−0.0762	−0.0970	0.0361	0.0152	−0.0766	−0.0571
0.70	0.0402	0.0433	0.0256	0.0267	−0.0748	−0.0903	0.0340	0.0167	−0.0735	−0.0569
0.75	0.0364	0.0390	0.0263	0.0273	−0.0729	−0.0837	0.0318	0.0179	−0.0701	−0.0565
0.80	0.0327	0.0348	0.0267	0.0267	−0.0707	−0.0772	0.0295	0.0189	−0.0664	−0.0559
0.85	0.0293	0.0312	0.0268	0.0277	−0.0683	−0.0711	0.0272	0.0197	−0.0626	−0.0551
0.90	0.0261	0.0277	0.0265	0.0273	−0.0656	−0.0653	0.0249	0.0202	−0.0588	−0.0541
0.95	0.0232	0.0246	0.0261	0.0269	−0.0629	−0.0599	0.0227	0.0205	−0.0550	−0.0528
1.00	0.0206	0.0219	0.0255	0.0261	−0.0600	−0.0550	0.0205	0.0205	−0.0513	−0.0513

边界条件	(7) 三边固定、一边自由												
l_y/l_x	M_x	M_y	M_x^0	M_y^0	M_{0x}	M_{0x}^0	l_y/l_x	M_x	M_y	M_x^0	M_y^0	M_{0x}	M_{0x}^0
0.30	0.0018	−0.0039	−0.0135	−0.0344	0.0068	−0.0345	0.85	0.0262	0.0125	−0.558	−0.0562	0.0409	−0.0651
0.35	0.0039	−0.0026	−0.0179	−0.0406	0.0112	−0.0432	0.90	0.0277	0.0129	−0.0615	−0.0563	0.0417	−0.0644
0.40	0.0063	0.0008	−0.0227	−0.0454	0.0160	−0.0506	0.95	0.0291	0.0132	−0.0639	−0.0564	0.0422	−0.0638
0.45	0.0090	0.0014	−0.0275	−0.0489	0.0207	−0.0564	1.00	0.0304	0.0133	−0.0662	−0.0565	0.0427	−0.0632
0.50	0.0166	0.0034	−0.0322	−0.0513	0.0250	−0.0607	1.10	0.0327	0.0133	−0.0701	−0.0566	0.0431	−0.0623
0.55	0.0142	0.0054	−0.0368	−0.0530	0.0288	−0.0635	1.20	0.0345	0.0130	−0.0732	−0.0567	0.0433	−0.0617
0.60	0.0166	0.0072	−0.0412	−0.0541	0.0320	−0.0652	1.30	0.0368	0.0125	−0.0758	−0.0568	0.0434	−0.0614
0.65	0.0188	0.0087	−0.0453	−0.0548	0.0347	−0.0661	1.40	0.0380	0.0119	−0.0778	−0.0568	0.0433	−0.0614
0.70	0.0209	0.0100	−0.0490	−0.0553	0.0368	−0.0663	1.50	0.0390	0.0113	−0.0794	0.0569	0.0433	−0.0616
0.75	0.0228	0.0111	−0.0526	−0.0557	0.0385	−0.0661	1.75	0.0405	0.0099	−0.0819	−0.0569	0.0431	−0.0625
0.80	0.0246	0.0119	−0.0558	−0.0560	0.0399	−0.0656	2.00	0.0413	0.0087	−0.0832	−0.0569	0.0431	−0.0637